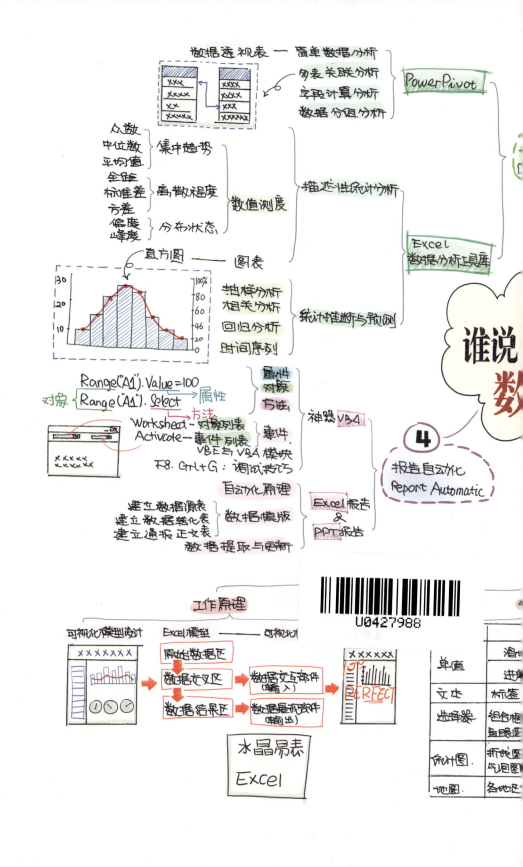

谁说菜鸟不会数据分析（工具篇）

张文霖　狄松　林凤琼　任玮琳　著

电子工业出版社
Publishing House of Electronics Industry
北京·BEIJING

内容简介

工欲善其事，必先利其器。数据分析也不例外，本书基于Excel，通俗地讲解数据分析全流程工具。

作为《谁说菜鸟不会数据分析（入门篇）》的姊妹篇，本书继续采用职场三人行的方式来构建内容，细致梳理数据分析工作的完整流程，并基于常用的办公软件Excel，精心挑选能够提高工作效率的常用工具来讲解。这些工具涵盖数据处理（Microsoft Access）、数据分析（Power Pivot、Excel数据分析工具库）、数据呈现（水晶易表）和报告自动化（VBA）。

本书形式活泼，内容丰富而且充实，让人有不断阅读下去的动力。对于刚踏出校门，初涉职场的新人，尤其对于从事市场营销、金融、财务、人力资源管理、产品管理等工作的上班族，本书能帮助他们提高工作效率；而从事管理、咨询、研究等工作的专业人士，也不妨阅读本书，亦可达到梳理知识的目的。

未经许可，不得以任何方式复制或抄袭本书之部分或全部内容。
版权所有，侵权必究。

图书在版编目（CIP）数据

谁说菜鸟不会数据分析. 工具篇 / 张文霖等著. —3版. —北京：电子工业出版社，2019.6
ISBN 978-7-121-36446-4

Ⅰ. ①谁… Ⅱ. ①张… Ⅲ. ①表处理软件 Ⅳ. ①TP391.13

中国版本图书馆CIP数据核字（2019）第083127号

责任编辑：张月萍
印　　刷：中国电影出版社印刷厂
装　　订：三河市良远印务有限公司
出版发行：电子工业出版社
　　　　　北京市海淀区万寿路173信箱　　邮编：100036
开　　本：720×1000　　1/16　　印张：13.5　　字数：280千字　　彩插：1
版　　次：2013年6月第1版
　　　　　2019年6月第3版
印　　次：2021年10月第5次印刷
印　　数：12001~13000册　定价：69.00元

凡所购买电子工业出版社图书有缺损问题，请向购买书店调换。若书店售缺，请与本社发行部联系，联系及邮购电话：（010）88254888，88258888。
质量投诉请发邮件至zlts@phei.com.cn，盗版侵权举报请发邮件至dbqq@phei.com.cn。
本书咨询联系方式：010-51260888-819，faq@phei.com.cn。

第3版序

《谁说菜鸟不会数据分析》自2011年7月首次出版已经走过了8个年头。给亲爱的读者汇报下这8年期间的小成绩：获得过"年度全行业优秀畅销品种"称号，在中国台湾地区出版了繁体版，获得了海峡两岸几十万读者的认可。读者的认可比什么都重要，为了回馈读者的厚爱，我们特地推出了第3版，纪念这8年来读者给予的温度和力量。

"拍脑袋决策，拍胸脯保证，拍屁股走人"的时代已经与我们渐行渐远。不管是在传统企业还是在互联网企业，现在的决策都越来越依赖于数据，用数据说话。《谁说菜鸟不会数据分析》系列就是帮助广大读者提升自我，帮助我们更好地理解数据、用活数据，真正给企业带来价值。在这个数据驱动运营的时代，不管大数据、小数据，我们多掌握点数据技能，必定可以增加我们在职场的势能。

这次出版的第3版，我们把书中涉及的工具版本进行了全面升级。

但愿这次的版本升级，能获得您持续的认可。

从心出发，未来已来，期待在成长的道路上再相逢。

前　言

《谁说菜鸟不会数据分析（入门篇）》受到广大数据分析爱好者的认同与好评，同时，很多读者提出了热切的期望：能尽早推出提高一级的书。我们看到这些热心的反馈，心里也暖洋洋的，毕竟有读者的认可是件非常幸福的事情。但是，我们也很惶恐，生怕出来的作品还没经过足够的细致打磨。我们在反复思量和总结中，前前后后花了1年多时间，创作完这本《谁说菜鸟不会数据分析（工具篇）》。

常言道"工欲善其事，必先利其器"，数据分析也不例外，在实际工作中我们会遇到大量的分析工具，每款工具都有其一技之长，如果在工作学习中能够挖掘工具之所长，定能事半而功倍。我们对数据分析工具进行了细致梳理，基于最常用的Excel，精心挑选能够提高效率的常用工具。这些工具涵盖数据处理（Microsoft Access）、数据分析（Power Pivot、Excel数据分析工具库）、数据呈现（水晶易表）和报告自动化（VBA）。

本书第1章由张文霖完成，第2章由林凤琼完成，第3章由狄松完成，第4章由任玮琳完成。整个写作过程是艰辛的，但是也很有成就感。我们努力讲好数据分析的故事，同时尽量把这个故事展现得美丽动人。

本书仍沿用《谁说菜鸟不会数据分析（入门篇）》中师傅带徒弟的对话教学方式，紧密围绕日常工作中的常见情景，以丰富而实用的案例和通俗易懂的方式讲述数据分析知识。本书从解决问题的角度介绍各种常用、实用的数据处理及分析的工具与方法，让大家在愉快的阅读中，不知不觉就学会了各种实用的数据分析工具。

如果我们以"她"来称呼这本与众不同的数据分析书，很多人翻开这本书的时候，可能会有不少疑惑，但是——请耐着性子慢慢读下去，你将会有莫大的收获。

如果你觉得她看起来很轻松，千万别误以为她是一本小说，她其实是一本数据分析书

她抛开复杂的数学和统计学原理，只和你讲必知必会的要点，关注解决实际问题；

她不去探究科班的学术问题，只和你耐心地分享职场中的实战案例；

她不板起脸和你讲大道理，只和你娓娓道来切身的趣味故事；

她天生丽质，图表美丽绝伦；

她多姿多彩，还有卡通漫画风；

可能你会觉得她肤浅……

但是，当你揭开她华丽的外衣时，你会惊艳；

也会被她通俗而不庸俗，美丽而又深刻的本质所吸引。

把她珍藏起来吧，因为：

她会循循善诱地把你领进数据分析的大门；

她会让你的简历更加具有吸引力；

她会让老板对你刮目相看；

前　言

她值得在你的书架上长期逗留，让你的书架也增加色彩。

她继续讲述职场三人行的故事，她的故事还会让你偷着笑

小白在Mr.林的带领下，已经学会了基本的数据分析工作。不过，现在情况有一些变化：Mr.林升任运营分析部经理，而小白也变成名副其实的"白骨精"（白领+骨干+精英）。

牛董，关键词：私企董事，要求严格、为人苛刻。

Mr.林，关键词：运营分析部经理，小白现任上司，数据分析达人、成熟男士、乐于助人、做事严谨。

小白，关键词：前牛董助手，现任运营分析部运营分析师，单身、爱臆想、"白骨精"。

哪些人会对她的故事有阅读兴趣

★ 需要提升自身竞争力的职场新人
★ 注重工作效率提升，用恰当的工具解决实际问题的分析人士
★ 在市场营销、金融、财务、人力资源等管理工作中喜欢用数据说话的人士
★ 经常阅读经营分析、市场研究报告的各级管理人员
★ 从事咨询、研究、分析等工作的专业人士

获取插件工具、案例数据、报告自动化源代码，可以到read.zhiliaobang.com或http://blog.sina.com.cn/xiaowenzi22下载，也可以关注微信订阅号"小蚊子数据分析"（微信号：wzdata），回复"1"即可获取下载链接。

致谢

感谢作者的好友方骥与潘淳为本书提供相关的技术支持，同时在此要衷心感谢成都道然科技有限责任公司的姚新军先生，感谢他的提议和在写作过程中的支持。感谢参与本书优化的朋友：王斌、李伟、张强林、万雷、李平、王晓、景小燕、余松。非常感谢叶嘉卉精美的手绘思维导图。非常感谢本书插画师王馨的辛苦劳动，你的作品也让本书增色不少。

感谢邓凯、段勇、方骥、黄成明、李双、江宇闻、刘晓霞、刘云锋、欧维平、石军、沈浩、张文彤、张立良、张志成、郑来轶、祝迎春、王雍等书评作者，感谢他们在百忙之中抽空阅读书稿，撰写书评，并提出宝贵意见。

最后，感谢四位作者的家人，感谢他们默默无闻的付出，没有他们的理解与支持，同样也没有本书。

尽管我们对书稿进行了多次修改，仍然不可避免地会有疏漏和不足之处，敬请广大读者批评指正，我们会在适当的时间进行修订，以满足更多人的需要。

本书配套案例数据下载方式：

（1）http://blog.sina.com.cn/xiaowenzi22
（2）关注微信订阅号"小蚊子数据分析"，回复"1"获取下载链接
（3）http://read.zhiliaobang.com/pages/article/45

业内人士的推荐（排名不分先后，以姓氏拼音排序）

本书将看似"浮云"的数据分析领域，蕴于商业化的场景之中，生动形象地让读者了解到"给力"的数据分析师是如何炼成的！本书引导非专业人士从数据的角度，认识、剖析、解决商业问题；对专业人士而言，亦是一次对原有知识梳理和提高的学习机会。

邓凯
数据挖掘与数据分析博主，资深数据分析师

这是一本极具操作性的书！通俗易懂，不需要读者具备高深的计算机技术背景，特别适合各行各业正在从事数据处理、数据分析和数据展现等工作的从业人员。作者把自己从事多年数据分析的"独门秘籍"都毫无保留地分享出来，难能可贵。如果你正在为"找不到简单易用的数据分析工具，不知道如何更炫地展现分析结果，以及面对每天纷繁复杂的数据工作不知道如何提高效率"而烦恼，我强烈推荐你阅读此书，它将让你从此轻松应对数据分析工作。

段勇
杭州数云信息技术有限公司，联合创始人兼CTO

在《谁说菜鸟不会数据分析（入门篇）》一书中，小白在Mr.林的循循善诱下学习了数据分析的方法论，让人领悟到数据分析并非高不可及的专业技能；而在这部工具篇中，Mr.林搬出百宝箱中的各种数据分析神器又让人信心倍增，有了这些强大的工具，数据分析还有何难？

在书中，我们看到的Excel不再仅仅是一个实现简单功能的表格工具——它上可与SQL结缘打通数据库的奇经八脉，下可与水晶易表联袂展现数据的生动华丽；左手腾挪翻转有如瑞士军刀般的分析工具库，右手轻挑巧拨给透视表打了强心针的Power Pivot，将数据处理、数据分析和数据展现的复杂过程在谈笑间轻松化解。有了这套护体神功，就算是菜鸟也能跟高手一争高下！

方骥
《Excel这么用就对了》作者，微软最有价值专家MVP（新浪微博：Excel大全）

Excel是很强大的基础数据分析工具，而基础数据分析在日常数据分析中占很大的比例，所以数据分析师基本上都是Excel的高手。熟练掌握Excel，既可以赢得领导和同事的赞许，又可以空出很多时间来刷微博，交朋友。而《谁说菜鸟不会数据分析（工具篇）》这本书正好可以帮助你。

黄成明
《数据化管理》作者，数据化管理顾问及培训师

本书把数据分析的基本思路和方法糅合进工具的使用中，实实在在地解决了很多从业者在工作中遇到的实战问题。与市面上单纯讲分析理论的书籍相比，本书为读者

提供了更丰富的实际操作案例；而与单纯介绍工具使用的作品相比，本书为读者提供了更详实的实战案例。本书非常适合数据分析的初学者或从业1~2年的入门者；而对于有更长工作时间的从业者而言，其也是不可多得的参考手册。

江宇间
暨南大学应用统计专业特聘导师
中美联泰大都会人寿保险有限公司，CRM助理副总裁

数据分析工具对数据分析师来说就像战斗中的武器，正确选择并合理地使用数据分析工具可以事半功倍，并使数据分析的过程充满成就感。

本书基于Excel，结合Access和VBA等技术，通过数据分析实例，生动地向读者展示了使用数据分析工具处理与分析数据的全过程。本书还讲解了Power Povit与水晶易表等高级分析与可视化的内容，极力推荐广大的数据分析爱好者与新人研读。

李双
数据分析与挖掘交流站，站长

《谁说菜鸟不会数据分析（工具篇）》秉承了一贯的实用主义，通过具体的案例把复杂的数据分析工作变得简单易懂，是数据分析菜鸟走向大神的最好帮手。

刘晓霞
资深市场调研分析师

当谈到用数据解决问题时，我经常用这样的语言去诠释："如果你不能量化它就不能理解它；如果你不能理解就不能控制它，不能控制它也就不能改变它。"数据无处不在，信息时代的最主要特征就是"数据处理"，数据分析正以我们从未想象过的方式影响着日常生活。

在知识经济与信息技术时代，每个人都面临着如何有效地吸收、理解和利用信息的挑战。那些能够有效利用工具，从数据中提炼信息、发现知识的人，最终往往成为各行各业的强者。

这本书清晰又轻松地介绍了数据分析方法、技巧与工具，欢迎大家来读一读，或许会给你带来更大的惊喜！

沈浩教授
中国传媒大学新闻学院博士生导师
中国传媒大学调查统计研究所所长
大数据挖掘与社会计算实验室主任
中国市场研究协会会长

数据分析当然需要熟练使用工具，而很多工具已经随同你的Office软件，悄悄地安装在你的电脑里。读完此书，你将不再是数据分析的菜鸟，更不再好奇为什么安装Office时会装那么多似乎从来用不到的东西。

张立良
Excel必备工具箱，开发者

谁说菜鸟不会数据分析（工具篇）（第3版）

统计学是一门很难，但是很有趣，更是很有用的工具学科。懂得如何使用它的人总是乐在其中，而尚未入门的人则畏之如虎。国内讲述统计学理论及讲述统计软件操作的书籍可谓汗牛充栋，但是多数流于理论，疏于应用和实践指导，很大一部分读者需求未被满足。

近年来随着信息技术的普及，各行各业的业务数据自动化趋势愈来愈明显，使得数据分析的需求开始从统计专业人士向各行业人员全面扩展。在此背景之下，出版一本能够深入浅出、从实际应用的角度介绍统计分析基础知识的书就变得很有必要。

本书在理论和实践的平衡方面做了很有价值的尝试，基于颇为普及的Excel，以及5W2H、PEST等数据分析方法论，深入浅出地介绍了如何满足具体工作中的常见统计分析需求，对于需要应用统计分析，但是又未接受过这方面系统培训的读者来说，本书应当是一本非常合适的数据分析入门教材。

张文彤博士
上海昊鲲企业管理咨询有限公司，合伙人

这是一本用讲故事的方式将枯燥的数据分析高阶内容变得深入浅出的书。如果没有对数据分析的"狂热"追求，这是不可能做到的。尤其是报告自动化章节，从我编写VBA的体会来说，不管你之前的基础如何，都能够很容易理解自动化是如何实现的，并且自己立刻可以做到！数据的自动化不仅能够节省大量时间，我认为更加重要的是它还能避免由于厌倦重复的工作而出现错误。所以请立刻开始尝试吧！记得千万不要告诉你的老板你会报告自动化，你懂的！

张志成
http://blog.soufun.com/site，远址分析师

所谓"知者行之始，行者知之成"。《谁说菜鸟不会数据分析（入门篇）》告诉我们数据分析是什么，而本书则告诉我们怎么做！本书基于常用的Excel，从数据分析工作流程出发，手把手教你怎样理清分析思路、处理数据、分析数据、呈现数据，着实是一本指导初、中级分析师进入数据江湖、职场进阶的好书。

郑来轶
数据分析网创始人，JollyChic数据分析总监

本书针对数据分析流程中的数据处理、数据分析、数据呈现、报告撰写等每个流程步骤，介绍了不同专业工具的使用，而且充分应用了Excel的功能，同时使得读者在专业分析技能上得到加强，减少了搜寻资料和学习的时间成本，也是本系列丛书不可缺少的一块拼图。

祝迎春
高等学校教材《SPSS统计分析高级教程》合著者

目 录

第1章　高效处理千万数据　/1

1.1　最容易上手的数据库　/4
1.1.1　数据库那些事儿　/4
1.1.2　万能的SQL　/7
1.1.3　两招导入数据　/10
1.1.4　数据合并的二三式　/15
1.1.5　快速实现数据计算　/27
1.1.6　数据分组小妙招　/31
1.1.7　重复数据巧处理　/36
1.1.8　数据分析一步到位　/41

1.2　本章小结　/47

第2章　玩转数据分析　/48

2.1　Excel数据分析工具——Power Pivot　/49
2.1.1　Power Pivot是什么　/49
2.1.2　确定分析思路　/54
2.1.3　数据分析前的准备　/55
2.1.4　简单数据分析　/58
2.1.5　多表关联分析　/59
2.1.6　字段计算分析　/62
2.1.7　数据分组分析　/67

2.2　Excel数据分析工具库　/70
2.2.1　分析工具库简介　/70
2.2.2　描述性统计分析　/73
2.2.3　直方图　/77
2.2.4　抽样分析　/79
2.2.5　相关分析　/81
2.2.6　回归分析　/84
2.2.7　移动平均　/93
2.2.8　指数平滑　/96

2.3　本章小结　/99

第3章　Show出你的数据　/100

3.1　数据可视化　/101
- 3.1.1　有趣的数据可视化　/102
- 3.1.2　数据可视化的意义　/105
- 3.1.3　数据可视化工具与资源　/106

3.2　Excel的可视化伴侣——水晶易表　/109
- 3.2.1　初识水晶易表　/109
- 3.2.2　水晶易表的特点　/110
- 3.2.3　水晶易表工作原理　/111
- 3.2.4　水晶易表的安装要求　/113
- 3.2.5　认识水晶易表部件　/113

3.3　水晶易表实战　/115
- 3.3.1　居民消费价格指数模型　/115
- 3.3.2　人口预测模型　/126
- 3.3.3　丈母娘选女婿模型　/138

3.4　本章小结　/153

第4章　让报告自动化　/155

4.1　自动化神器——VBA　/156
- 4.1.1　从录制宏开始　/157
- 4.1.2　VBA语法那些事儿　/158
- 4.1.3　进入VBA运行环境　/161
- 4.1.4　VBA调试技巧　/161

4.2　Excel报告自动化　/163
- 4.2.1　自动化原理　/163
- 4.2.2　建立数据模板　/165
- 4.2.3　数据提取自动化　/173

4.3　PPT报告自动化　/180
- 4.3.1　自动化原理　/180
- 4.3.2　建立数据模板　/182
- 4.3.3　数据提取自动化　/189
- 4.3.4　数据自动更新之VBA法　/193
- 4.3.5　数据自动更新之链接法　/199

4.4　本章小结　/205

第 1 章
高效处理千万数据

谁说菜鸟不会数据分析（工具篇）（第3版）

小白进入公司已经一年有余，在自身的不断努力下，工作表现出色，获得领导及同事们的一致认可与赞扬，并获得"年度优秀员工"称号。

随着公司的业务规模变大，业务运营数据也迅速增长。为了充分利用好这些数据，公司领导决定成立运营分析部门。Mr.林参加了公司内部竞聘，通过层层筛选与选拔，众望所归地成为了运营分析部门的经理，负责部门运作及管理，为公司业务运营提供有效的数据分析支撑。

由于运营分析部门刚成立，急需招兵买马，因此小白也成为Mr.林"心仪"的对象。

Mr.林找到小白：小白，愿意加入运营分析团队吗？

小白兴奋地说：当然愿意啦！梦寐以求的事情，我就担心牛董不放人。

Mr.林：你放心！牛董那边我去说，只要你愿意就行。我先找牛董要人，现在领导层都很重视运营分析工作，等事情定下了就通知你过来上班。

小白美滋滋地说：好的。

半小时后，Mr.林打电话给小白：小白，牛董同意了，并且已经通知HR安排其他同事跟你交接工作。你今天交接完工作，明天就带上家当过来吧。

小白很快就进入了状态：遵命，领导。

第二天一大早小白就带着全部家当来到Mr.林办公桌前报到。

Mr.林惊讶地问：小白，你就这点家当啊？除了一台笔记本电脑外，就一个保温杯、一个靠枕、一小瓶绿色植物、一本记事本，外加一支笔！跟我见到的其他女同事完全不一样，她们还有各种五花八门的小摆设、小公仔。

小白淡定地说：嘿嘿！我就喜欢简单，就像做数据分析一样，简单而不空洞，能说明问题就好。

Mr.林面露喜悦之色：小白，我果然没选错你。

小白向Mr.林略微弯了下腰说道：Mr.林，请多多指教！

Mr.林：那我们就开始工作吧！小白，先给你介绍下我们部门的主要职责。考一下你，数据分析在我们日常经营分析工作中的作用体现在哪几方面呢？

小白底气十足：这个难不倒我，我刚进公司的第一天，您就给我介绍了数据分析，谈到它的作用。在我们日常的经营分析工作中，数据分析主要有三大作用，如图1-1所示。

图1-1 数据分析三大作用

正是因为您告诉我数据分析的这三大作用，我才对数据分析有了更深刻的理解与

第1章 高效处理千万数据

认识,加上您传授的实用数据分析方法与技巧,牛董交办的工作,我才能轻松自如地处理完成。

Mr.林: 说得一点也不错!我们运营分析部的工作正是基于数据分析这三大作用展开的,所以,运营分析部的主要职责如下:

① 负责完成公司运营日报、周报、月报等日常通报,告诉公司领导及运营部门现阶段公司整体运营情况,这是通过各个关键经营指标完成情况来衡量的。

② 根据公司运营需要,开展业务专题分析。比如基于日报、周报、月报的现状分析,我们对公司的运营情况有了基本了解,但这还不够,还需要知道运营情况具体好在哪里,差在哪里,是什么原因引起的。这时就需要开展原因分析,以进一步确定业务变动的具体原因。

③ 根据公司运营需要,开展市场研究工作。如果现有数据无法满足分析需求,就需要通过外部用户调研进行补充说明,我们才能进一步了解用户的真实想法与需求。

④ 开展预测分析,预测公司未来发展趋势,为公司制订运营目标及策略提供有效的决策依据,以保证公司的可持续健康发展。

⑤ 搭建公司经营分析体系,指导公司业务运营。

以上5条就是我们运营分析部门现阶段的主要工作职责,我会带领你和其他同事一起完成。

小白: 好的,那我们接下来要做什么?

Mr.林: 我要先对你进行一些培训,主要是数据处理与分析的应用工具的培训。

小白满脸疑惑地问道: 这些工作不是用Excel就可以完成的吗?

Mr.林: 嘿嘿!Excel当然是非常实用的数据分析工具,不过那是有前提条件的,因为Excel对数据有限制,Excel 97~2019版本,能容纳的行与列数都是有限制的,具体如图1-2所示,Excel 2007~2019版本最多也只有1048576行、16384列。

Excel版本	行限量	列限量
97~2003、XP	65536	256
2007~2019	1048576	16384

图1-2 Excel各版本对数据的限制

现在已经到了大数据时代,数据量动不动就超过百万条,Excel已经满足不了数据处理与分析的需求了。

没等Mr.林说完,小白又发问了: 什么是大数据呢?

3

Mr.林耐心地解释道：大数据具有4大特点，可以用4个"V"来概括，如图1-3所示。

图1-3　大数据4大特点

举个例子，我们公司有1000多万个用户，单单一个用户信息表，Excel 2007～2019版本就无法容纳得下，更别说1000多万个用户的购买行为数据。

这时候我们就要借助数据库来实现数据的高效存储、处理和分析。

1.1　最容易上手的数据库

1.1.1　数据库那些事儿

Mr.林：我们先来认识下什么是数据库吧！

小白迫不及待地说：非常期待，快开始吧！

Mr.林：数据库（Database）是按照数据结构来组织、存储和管理数据的仓库。它利用数据库中的各种对象，记录、处理和分析各种数据。

随着现代社会进入信息时代，我们每天的工作和生活都离不开各种信息。对这样的海量数据，就需要采用数据库对其进行有效的存储与管理，并运用数据库进行合理的处理与分析，使其转化为有价值的数据信息，如图1-4所示。

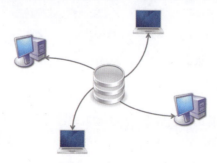

图1-4　数据库示例

第1章　高效处理千万数据

一个通用数据库具有以下几项基本功能：
- ★ 向数据库中添加新数据记录，例如增加用户注册信息。
- ★ 编辑数据库中的现有数据，例如修改某个用户信息。
- ★ 删除数据库中的信息记录，例如删除失去时效性的数据，以释放存储空间。
- ★ 以不同方式组织和查看数据，例如对数据进行查询、处理与分析。

常用的数据库有Oracle、Microsoft SQL Server、MySQL、Microsoft Access等关系型数据库，随着大数据时代的到来，相关的数据库技术也快速发展，如基于NoSQL技术的分布式数据库HBase、MongoDB、Redis等。

◉ Access数据库

Mr.林：我们从关系型数据库Access入手，因为它够友好、够简单，会让我们的学习之旅更轻松。

小白：好的。

Mr.林：Access数据库是Microsoft Office办公软件中一个极为重要的组成部分，是一种关系数据库管理系统软件，它能够帮助用户处理各种海量信息，不仅能存储数据，更重要的是还能够对数据进行处理和分析，数据处理功能比Excel更胜一筹。由于Access 2016是目前为止较为常用的版本，所以我们将基于Access 2016来学习数据处理和分析（如图1-5所示）。

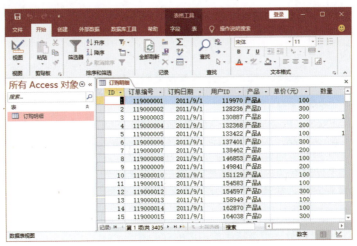

图1-5　Access数据库示例

在Access 2016中，数据库窗口中包含"表"、"查询"、"窗体"、"报表"、"宏"等功能。在数据库中，"表"用来存储数据；"查询"用来查找数据；"窗体"和"报表"用于获取数据；而"宏"则用来实现数据的自动化操作。

Access数据库作为Microsoft Office办公软件包中的一员，它还可以与Excel、

Word、PowerPoint、Outlook等软件进行数据的交互与共享，例如分析报告的自动化，后面我会进一步介绍。

小白： 好的。

Mr.林： 下面我们就学习用Access 2016进行数据处理与分析，用到的主要对象是表和查询。

（1）表

作为一个数据库，最基本的组成单位就是表。建立和规划数据库，首先要做的就是建立各种数据表。数据表是数据库中存储数据的唯一单位，数据库将各种信息分门别类地存放在各种数据表中，例如用户信息表、订单表、采购表等。

（2）查询

查询是数据库中应用最多的对象之一，可执行很多不同的功能，最常用的功能是根据指定条件从表中检索数据。

查询和表的区别在于，查询中的所有数据都不是真正单独存在的。查询实际上是一个固定的筛选，它根据指定条件将表中的数据筛选出来，并以表的形式返回筛选结果。

在Access数据库中，我们就是采用查询方式进行数据处理与分析的。

◎ 优势与不足

小白疑惑不解地问： 为什么用Access数据库，而不用Oracle、Microsoft SQL Server等数据库呢？

Mr.林： 因为Access数据库与Oracle等其他关系型数据库相比具有以下两大优势：

（1）操作界面友好，易操作

Access与Excel、PowerPoint、Word都属于微软的Office产品，只要熟悉Excel、PowerPoint、Word中的任意一款软件，即使没有数据库经验，也能快速上手Access。Access风格与Windows完全一样，用户想要生成对象并应用，只要使用鼠标进行拖放即可，非常直观方便。并且，作为Office办公软件的一部分，Access可以与Office其他软件集成，实现无缝连接。

（2）Access查询处理可直接生成相应的SQL语句

通过Access查询向导设置好需要的表关联及查询条件，单击"SQL视图"，即可获取相应的SQL语句，无须重新编写。在此基础上，还可以进行简单的调整、优化，即可转化为所需的SQL语句，方便快捷。

小白心中释然： 那我就放心了，您没说之前，我还担心数据库比较难学呢。

Mr.林： 不用担心，有Mr.林在嘛，包教包会，我们继续。

有优势，自然也有不足，Access是小型数据库，与Oracle等其他关系型数据库相比存在以下不足：

★ 数据库过大时（一般Access数据库文件100MB以上），其性能会变差。
★ 记录数过多时（一般记录数达到千万条以上），其性能会变差。
★ Access数据库中每个数据库文件的上限为2GB。

虽然Access数据库存在以上三大不足，但并不妨碍我们使用它完成日常工作与学习任务，因为用它学习SQL处理数据真的很方便，不需要写SQL语句。只要数据记录不超亿条，其处理速度就还是可以接受的，数据记录越少，其处理速度越快。

1.1.2 万能的SQL

小白：Mr.林，你刚才提到了好几次SQL，什么是SQL呀？

Mr.林： SQL（Structured Query Language）是结构化查询语言，它是一种通用的关系型数据库操作语言。简单来说，它就是让数据库按我们的要求来实现查询操作的语言。

说到这里，小白灵机一动：我可不可以这样理解：SQL就好比动画片《葫芦娃兄弟》里那个女妖精手中的宝贝——如意，如意，如意，按我心意，快快显灵……

Mr.林忍不住捧腹大笑：哈哈！我看行，还是你机灵，你这个比喻既生动又形象。

由于SQL功能丰富强大，语言简洁易学，使用方法灵活，目前所有主要的关系数据库管理系统都支持SQL。

虽然Access数据库大部分查询都可通过菜单完成，不需要用到SQL语句，但是如果想真正利用Access数据库强大的数据处理、分析能力，那么掌握SQL是非常必要的。

作为一名优秀的数据分析师，只有亲自经历在数据库中处理与分析数据的过程，才能对分析结果有更深层次的认识，同时也会加深对业务的理解，否则看到的只是一个个数字，并不能体会其内涵。

另外，业内人士常说的数据挖掘，很多是通过对历史数据进行建模预测，生成一定的规则，然后数据库工程师将生成的规则编写成相应的SQL语句，并编写成数据库的存储过程，可定期执行它们得到数据模型结果。

最后，处理大数据的Hadoop所使用的Hive语言（HQL），也是与SQL语言基本一致的，只不过部分语句的编写或功能存在差异。掌握了SQL，再学习HQL就非常容易了。

小白：那么如何编写SQL语句呢？

🎯 **基本语法**

Mr.林：我们现在来了解一下SQL基本语法，常用的SQL语句如图1-6所示。

我们做数据分析时，在数据库中主要的操作就是数据合并、数据分组、数据去重等，这些操作都是通过查询来完成的。因此，数据查询是数据库的核心操作。而在SQL查询语言中有一条查询命令，即SELECT语句。

基本语句	说明
SELECT	按照一定的条件规则选择记录
DELETE	删除数据表中的记录
INSERT INTO	在数据表中插入记录
CREATE TABLE	新建数据表
DROP TABLE	删除数据表

图1-6　Access数据库常用的SQL语句

SELECT语句是SQL的核心语句，它能完成强大的查询功能，根据指定的条件规则从数据库中查询出所要的数据。SELECT语句的基本语法是：

```
SELECT 字段1,字段2,字段3,……
FROM 表
WHERE 条件
```

小白挠了挠头：不是太明白，能否举个例子？

Mr.林灵机一动：那好，我就给你举生活中的例子：假设你爸妈催你结婚，并且他们已经上婚姻介绍所帮你物色对象相亲。

小白红着小脸，不好意思地问道：您怎么知道我爸妈在催我？

Mr.林：人之常情呀！老人家都希望自己儿女早点结婚，等着抱孙子呢！我们继续刚才的例子。介绍所工作人员从他们的会员数据库中按你爸妈的要求筛选出目标人选，供他们进一步选择，那么婚姻介绍所的工作人员会在他的数据库命令窗口写下如下SQL语句：

```
SELECT 姓名,性别,年龄,身高,婚姻状况,教育背景,月收入,是否有房,是否有车,备注
FROM 会员表
WHERE 性别='男'
AND 年龄 BETWEEN(26,30)
AND 身高 BETWEEN(170,180)
AND 婚姻状况='未婚'
AND 教育背景 IN ('本科','研究生')
AND 月收入>=8000
AND 是否有房='是'
AND 是否有车='是'
AND 备注 IN ('细心','大方','浪漫','英俊','绅士','智慧')
ORDER BY 月收入 DESC;
```

第1章 高效处理千万数据

小白：您举的这个生动例子，确实很清晰直观。

我爸妈的要求，不对，差点被您绕晕了，应该是您假设我爸妈的要求：首先必须是男的，年龄在26至30岁之间，身高在1米7至1米8之间，婚姻状况为未婚，教育背景为本科或研究生，月收入不低于8000元，必须有房有车，还要求细心、大方、浪漫、英俊、绅士、智慧。最后筛出来的名单再按月收入降序排序。

我的天呐，上哪儿找这样条件的未婚男士？如果有的话，我就考虑考虑。

Mr.林：哈哈！小白，你入戏还真快，这么快就进入角色了。

小白的脸瞬间又红了：Mr.林，您又在给我下套呀！不过这样的例子确实很生动，一看就懂，我大概知道SELECT语句怎么用了。

◎ 注意事项

Mr.林：好的，现在我们一起来了解下编写SQL语句时的一些注意事项。

① SQL 语句中，英文字母大写或小写均可。

② 每条SQL语句的关键字用空格符号分隔，例如：

SELECT 字段 FROM 表

③ 字段或参数之间用逗号分隔，例如：

SELECT 姓名,性别,年龄,身高,教育背景
FROM 会员表
WHERE 教育背景 IN('本科','研究生')

④ SQL语句中如参数为字符型，那么需要使用单引号，数值型不使用单引号，例如：

SELECT 姓名,性别,月收入
FROM 会员表
WHERE 性别='男' AND 月收入>=8000

⑤ SQL语句结束时，在语句结尾处添加分号。在Access数据库中，用分号结束对于SQL语句不是必需的。

⑥ SQL语句中如表名、字段名中出现空格、"/"、"\"等特殊字符时，需用方括号"[]"将含有特殊字符的表名或字段名括起来，以免得到不正确的结果或SQL语句无法运行。

⑦ SQL语句中，"*"代表选择选定表格中的所有字段，并且按照其在数据库中的固定顺序来排序，例如：

SELECT * FROM 表

⑧ 在函数参数或条件查询中，如果参数或查询条件为日期和时间类型数据，需要在数据值两端加上井字符号"#"，以表示数据类型为日期型。

⑨ SQL语句中使用的逗号、分号、单引号、括号等符号均为英文状态下输入的符号。

⑩ 应尽量避免在数据库中进行全表扫描。首先，应考虑用WHERE子句筛选出需要的数据，其次，在WHERE子句中，应尽量避免使用"!="或"＜＞"、"OR"等，最后尽量避免在WHERE子句中对字段进行函数操作，否则将进行全表扫描。

其他注意事项等介绍到具体示例时再进行讲解。

小白：好的，您刚才说的10条注意事项我都记下了，回去我再认真复习复习。

1.1.3 两招导入数据

Mr.林：小白，接下来我们学习如何将数据导入数据库。因为数据量大才采用Access数据库进行数据处理与分析，而大型数据文件一般以TXT文本形式存储，所以我们主要学习如何导入TXT文本数据。还记得我教你的如何将TXT文本数据导入Excel吗？

小白：当然记得，工作中我常用呢。

Mr.林：很好，在Access数据库中导入TXT文本数据与Excel中的操作步骤类似，都是按照一定的数据分隔符号或者数据宽度，将文本中的数据自动分配到数据表中。

在Access数据库中主要有两种方式：一是直接导入法，二是建立链接法。下面以导入"订购明细.txt"数据为例，一起来学习这两种数据导入方法。

◎ 直接导入法

STEP 01 启动Access，单击【空白数据库】，在打开的【空白数据库】对话框中对新建的数据库文件命名，设置好存放路径，最后单击【创建】按钮，如图1-7所示。

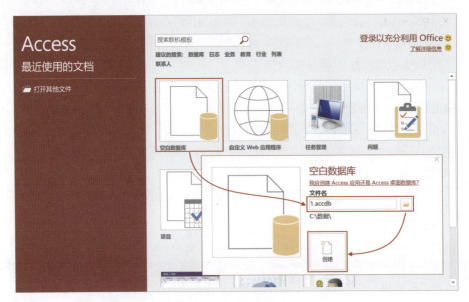

图1-7 新建数据库文件

第1章 高效处理千万数据

STEP 02 在创建好的数据库中，单击【外部数据】选项卡，在【导入并链接】组中单击【新数据源】，单击【从文件】项，再单击【文本文件】按钮，弹出如图1-8所示的对话框，浏览指定数据源，并在【指定数据在当前数据库中的存储方式和存储位置】项中，选中默认的【将源数据导入当前数据库的新表中】项，单击【确定】按钮。

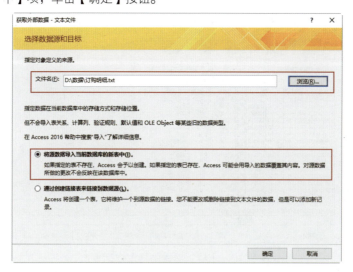

图1-8 【获取外部数据—文本文件】对话框

STEP 03 在弹出的第一个【导入文本向导】对话框中，选中默认的【带分隔符】单选钮作为数据分隔方式，如图1-9所示，单击【下一步】按钮。

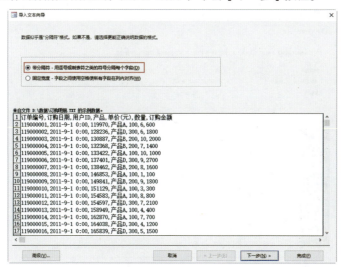

图1-9 【导入文本向导】对话框1

STEP 04 在弹出的第二个【导入文本向导】对话框中（如图1-10所示），选择【逗号】作为分隔符，并勾选【第一行包含字段名称】复选框，单击【下一步】按钮。

需要说明的是，分隔符及第一行是否包含字段名称需根据数据本身的实际情况进行选择，本例中以逗号分隔，并且第一行包含字段名称。

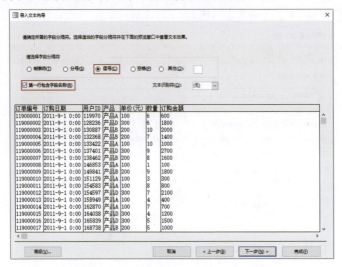

图1-10 【导入文本向导】对话框2

STEP 05 在弹出的第三个【导入文本向导】对话框中（如图1-11所示），可对文本数据的各个字段名称、数据类型、索引以及是否导入字段进行设置，用户可根据数据本身的实际情况进行选择与设置。本例采用默认设置，单击【下一步】按钮。

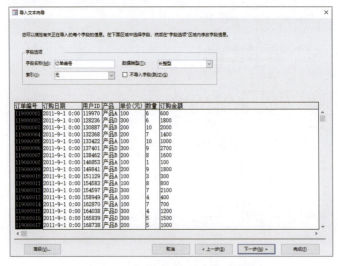

图1-11 【导入文本向导】对话框3

第1章 高效处理千万数据

STEP 06 在弹出的第四个【导入文本向导】对话框中（如图1-12所示），选择【让Access添加主键】，则 Access 数据库会将"ID"字段添加为目标表中的第一个字段，并且用从 1 开始的唯一 ID 自动填充它，单击【完成】按钮。

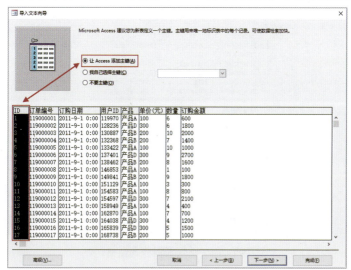

图1-12 【导入文本向导】对话框4

STEP 07 在弹出的【保存导入步骤】对话框中保存详细信息，有助于在以后重复执行该操作时，而不必每次都逐步完成向导。可根据数据导入的需求，选择是否保存导入步骤，本例选择不保存导入步骤，单击【关闭】按钮。

文本数据导入Access数据库后的结果如图1-13所示，用鼠标双击左边Access对象框里的"订购明细"表，即可在右边窗口显示产品订购明细。

小白： Mr.林，刚才您说到两个新名词"索引"、"主键"，这两个是什么呀？

Mr.林： 索引相当于对指定的列进行排序，它就好比是一本书的目录，通过它可以快速查询到结果，不需要进行全表扫描，可以大大加快数据库的查询速度。

主键是确定数据中每一条记录的唯一标识，其实也是一个索引，是一个特殊索引，因为主键所在列里的每一个记录都是唯一的，在同一个表里只能有一个主键。简单来说，主键就是所在列不能出现相同记录的特殊索引，且这个索引只能在表里出现一次。

综上所述，主键与索引的具体区别为以下4点。

① 主键用于标识数据库记录的唯一性，不允许记录重复，且键值不能为空。主键也是一个特殊索引，主键等于索引，索引不一定等于主键。

② 索引可以提高查询速度，通过它可以快速查询到结果，不需要进行全表扫描。

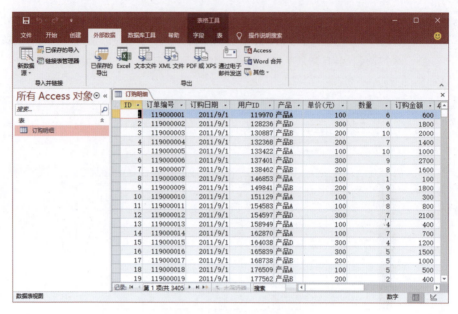

图1-13 文本数据导入结果

③ 使用主键，数据库会自动创建主索引，也可以在非主键上创建索引，提高查询速度。

④ 数据表中只允许有一个主键，但是可以有多个索引。

在Access数据库中，虽然主键不是必需的，但最好为每个表都设置一个主键，这样可提高查询速度。

小白点了点头：明白。

⊙ 建立链接法

Mr.林：现在我们来学习第二种导入方法：建立链接法。

建立链接法与直接导入法步骤基本类似，不同的地方就在于步骤2与步骤7。在步骤2中，对于【指定数据在当前数据库中的存储方式和存储位置】项，更改为选中【通过创建链接表来链接到数据源】，如图1-14所示。

因为这种方法是以链接方式建立数据库与源数据的链接关系，所以只要不删除，这个链接关系一直存在，也就无须保存导入步骤，所以采用链接方式就没有步骤7。

其余数据导入操作步骤基本一致，小白，你可以事后自行练习这两种文本数据导入方法。

小白：好的，您介绍的"直接导入法"与"建立链接法"这两种方法之间有何区别呢？

第1章　高效处理千万数据

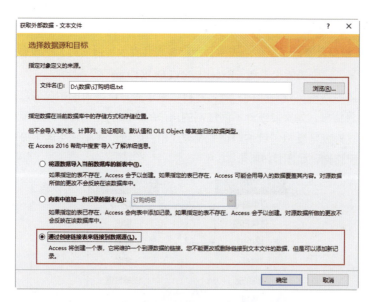

图1-14　【获取外部数据—文本文件】对话框

Mr.林：这个问题问得真好，不愧是做数据分析的好苗子。

★ **直接导入法**：Access数据库中的表与数据源脱离了联系，对数据的更改不会影响源文本数据文件。

★ **建立链接法**：链接表显示源文本文件中的数据，但是它实际上并不将数据存储在数据库中，对源文本文件进行的任何更改都将自动反映到链接表中，即数据会随数据源的变化而自动更新。

你可以根据实际需求，选择"直接导入法"或"建立链接法"导入文本数据。

Mr.林：如果数据是以Excel格式存储的，将Excel数据导入Access数据库的步骤基本与TXT文本数据导入步骤类似，同样你也可事后自行练习数据导入方法。

小白：好的。

1.1.4　数据合并的二三式

Mr.林：小白，接下来我们就要开始学习用Access数据库处理数据啦！再考一下你，什么是数据处理？数据处理主要包含哪些操作？

小白：这个难不倒我。数据处理就是根据数据分析的目的，将采集到的数据，用适当的处理方法整理和加工，形成适合数据分析要求的样式，也就是一维表。它是数据分析前必不可少的阶段。数据处理包括数据合并、数据计算、数据分组、数据去重等操作。

Mr.林：说的没错，我们先来学习数据合并。数据合并包括横向合并与纵向合并。

🎯 横向合并

Mr.林：横向合并就是从多个表中，根据各表共有的关键字段，把各表所需的记录一一对应起来。这个功能也相当于Excel中的VLOOKUP精确匹配功能。

例如刚才导入的"订购明细"表，它只记录了用户订购单的相应信息，但缺乏用户的相关背景信息，如果要统计不同性别的用户的产品购买偏好，就必须获得用户的性别信息。这时就需要将"订购明细"表与"用户明细"表根据关键字段"用户ID"进行关联匹配查询，如图1-15所示。

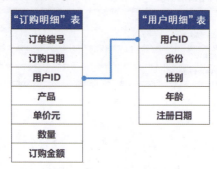

图1-15 "订购明细"表与"用户明细"表关系图

现在就看看在Access数据库中如何实现数据横向合并。

小白：接下来要先做什么呢？怎么做？

Mr.林：主要有两种方式，一种是菜单操作法，另一种就是SQL查询法。我们先学习菜单操作法。

（1）菜单操作法

首先，建立"订购明细"与"用户明细"两表的数据库关系。

STEP 01 单击【数据库工具】选项卡，在【关系】组中单击【关系】按钮。

STEP 02 在弹出的【显示表】对话框中，同时选中"订购明细"与"用户明细"两表（可结合Shift键同时选中，也可结合Ctrl键依次选中），如图1-16所示。单击【添加】按钮，再单击【关闭】按钮，以关闭【显示表】对话框。

STEP 03 在关系管理器中（如图1-17所示），将"订购明细"表中的"用户ID"字段用鼠标拖到"用户明细"表中的"用户ID"字段处，松开鼠标。

STEP 04 在弹出的【编辑关系】对话框中，单击【联接类型】按钮，默认选择第一种关系【只包含两个表中联接字段相等的行】，单击【确定】按钮，返回【编辑关系】对话框，如图1-18所示。

第1章　高效处理千万数据

图1-16　【显示表】对话框

图1-17　关系管理器

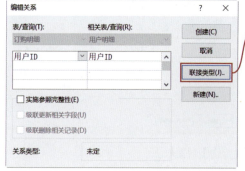

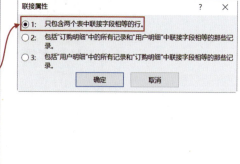

图1-18　【编辑关系】与【联接属性】对话框

小白，这里需要注意：在本例中，我们确定"订购明细"表中的"用户ID"记录信息都在"用户明细"表中，所以可以用第一种关系；反之，则需要选择第三种关系，以确保"订购明细"表信息的完整性。

STEP 05　单击【创建】按钮，返回关系管理器，可以看到，在【关系】窗口中两个表的"用户ID"字段之间出现了一条关系连接线，如图1-19所示。

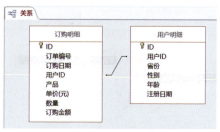

图1-19　两表关系连接示例

STEP 06　单击【保存】按钮，并关闭关系管理器。

Mr.林：小白，这样这两张表的关系就建立好了。接下来就要执行查询步骤，从"订购明细"表中选取"产品"字段，从"用户明细"表中选取"性别"字段，就能

17

取出我们需要的不同用户性别与所购买产品一一对应的明细数据，以方便统计不同性别的用户的产品购买偏好。

可利用Access数据库中"简单查询"功能来实现，具体查询操作步骤如下。

STEP 01　单击【创建】选项卡，在【查询】组中单击【查询向导】按钮。

STEP 02　在弹出的【新建查询】对话框中，默认选择【简单查询向导】，如图1-20所示，单击【确定】按钮。

图1-20　【新建查询】对话框

STEP 03　在弹出的【简单查询向导】的第一个对话框的【表/查询】项中，选择"订购明细"表，并把"用户ID"、"产品"两个字段移至【选定字段】框中，如图1-21所示。

图1-21　【简单查询向导】对话框1

STEP 04　在【简单查询向导】的第二个对话框的【表/查询】项中，选择"用户明细"表，并把"性别"字段移至【选定字段】框中，如图1-22所示，单击

第1章 高效处理千万数据

【完成】按钮，在弹出的对话框中，单击【保存】按钮。

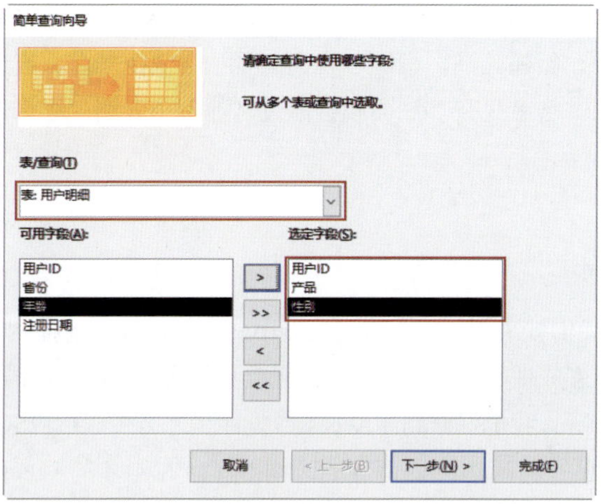

图1-22 【简单查询向导】对话框2

Mr.林："订购明细"和"用户明细"两表联合查询的结果，如图1-23所示。

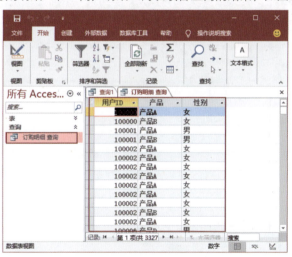

图1-23 简单查询结果

还没等Mr.林说完，小白就抢着说：哇！结果出来啦，确实比Excel方便！如果用VLOOKUP匹配这么大量的数据，至少也要好几分钟，要是匹配的字段较多，速度还会更慢。

Mr.林：没错，这就是数据库具备的Excel所没有的优势。在Access数据库左侧对象栏中可以发现比查询前新增了一个查询对象"订购明细 查询"，这就是我们刚才新建的查询。只要双击它，Access数据库就会按指定的条件重新执行查询，如果数据量非常大，双击需谨慎！

小白笑嘻嘻地说：好的。

Mr.林：另外还有一种菜单操作法，如果你对Access查询功能及原理比较熟悉，还可以用"查询设计"新建查询，相比"查询向导"会快捷一点，当然这要看个人习惯与偏好，仁者见仁，智者见智。后面我会通过其他例子介绍"查询设计"功能的使用方法。

小白：好的。

（2）SQL查询法

Mr.林：现在我们就来学习SQL查询法。小白，记得我之前提到Access数据库中进行查询处理可直接生成相应的SQL语句，不需要我们亲自编写SQL语句吗？

小白：我记得呀！我也好奇到底Access数据库是怎么生成相应SQL语句的。

Mr.林故弄玄虚：呵呵！见证奇迹的时刻到了。在刚才的Access数据库查询结果窗口中（如图1-23所示），单击Access数据库窗口右下方的 SQL 按钮，效果如图1-24所示。

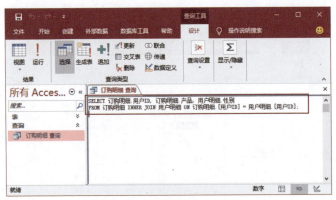

图1-24　SQL查询视图数据横向合并示例

Mr.林：小白，你看SQL视图窗口里不就是写好的SQL语句嘛！

小白瞪大眼睛：咦！果然，很神奇。

Mr.林：Access数据库可直接生成相应的SQL语句，我说的没错吧？让我们一起来看看生成的SQL语句与刚才的查询操作是否能对应上。

这一条SQL语句的意思是：选择查询"订购明细"表的"用户ID"、"产品"字段，以及相对应的"用户明细"表中的"性别"字段，从"用户明细"表内连接"订购明细"表选择，条件是"用户明细"表的"用户ID"字段与"订购明细"表的"用户ID"字段相等。

没错，对上了，Access数据库生成的SQL语句就是我们刚才联合查询的操作。

只需单击【设计】选项卡中【结果】组的【运行】按钮，如图1-24所示，Access

第1章 高效处理千万数据

数据库就直接执行查询操作。

小白：那么，内连接是什么意思呢？

Mr.林：这需要先了解下数据库连接关系，主要包含内连接（INNER JOIN）、左连接（LEFT JOIN）、右连接（RIGHT JOIN）三种数据库关系，使用时请注意区分（如图1-25所示）。

- ★ **内连接（INNER JOIN）**：选择两个表中关键字段相匹配的记录，对应图1-18【联接属性】对话框中的第一个关系。
- ★ **左连接（LEFT JOIN）**：选择第一个表中的所有记录以及第二个表中与关键字段相匹配的记录，对应图1-18【联接属性】对话框中的第二个关系。
- ★ **右连接（RIGHT JOIN）**：选择第二个表中的所有记录以及第一个表中与关键字段相匹配的记录，对应图1-18【联接属性】对话框中的第三个关系。

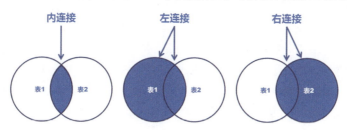

图1-25 三种数据库连接关系图

小白：明白了。

Mr.林：这条SQL语句我们还可以进一步简化为：

```
SELECT B.用户ID, B.产品, A.性别
FROM 用户明细 AS A, 订购明细 AS B
WHERE A.用户ID = B.用户ID;
```

① 这条SQL语句的条件采用WHERE子句进行编写，相对内连接（INNER JOIN）语法更容易理解。WHERE子句由一个运算符 (WHERE) 及后面的条件表达式（A.用户ID = B.用户ID) 组成。Access数据库会选出符合WHERE子句所列条件的记录，如果没有指定 WHERE 子句，查询会返回表中的所有行。条件表达式的书写规则如图1-26所示。

条件表达式规则	说明
算术运算符	四则运算符：+、-、*、/，其结果是一个数值
关系运算符	>、<、>=、<=、<>、IN、LIKE、BETWEEN...AND...
逻辑运算符	AND、OR、NOT等，其结果是逻辑值True或者False

图1-26 条件表达式的书写规则

② 这条SQL语句对"用户明细"表和"订购明细"表的表名分别重新命名为A、B，用关键字AS来命名；在编写SQL语句时，关键字AS可省略，直接在原表名后加上别名，中间以空格分隔。

③ 如果需要从不同表引用字段，先写上表名（或别名），再加上"点"（.），再加上相应字段，以区分不同表的相同字段名，防止出错，提高查询效率，特别是在各表有相同字段的情况下，例如：B.用户ID。

④ 对字段名同样可以重新命名，其方法与为表命名别名的方式一致。采用别名的好处在于可简化表名，使SQL语句清晰易懂、易编写。

小白：明白，这些注意事项我都记下了。

◎ 纵向合并

Mr.林：现在我们来学习如何进行数据的纵向合并，也就是数据记录的合并。合并的表必须具有相同的字段结构，它们的字段数目必须相同，并且字段的数据类型也必须相同。

假设刚才的"订购明细"表是以每天一个表的方式存储的，即每天的数据保存为一个表，如"订购明细20110901"、"订购明细20110902"、"订购明细20110903"、"订购明细20110904"等，现在需要把它们合并到一张表中。

（1）菜单操作法

我们可采用Access数据库中"追加查询"功能来实现。先看看如何把"订购明细20110902"表追加到"订购明细20110901"表中，具体查询操作步骤如下。

STEP 01 单击【创建】选项卡，在【查询】组中单击【查询设计】按钮。

STEP 02 在弹出的设计视图和【显示表】对话框中，选择"订购明细20110902"表，单击【添加】按钮将表添加进查询的设计视图，如图1-27所示。

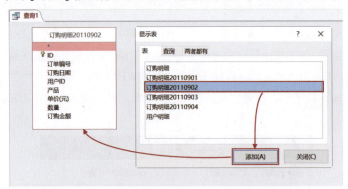

图1-27 查询设计视图—【显示表】对话框

STEP 03 单击【设计】选项卡【查询类型】组的【追加】按钮，弹出【追加】对话框，在【表名称】下拉列表框中选择"订购明细20110901"作为目标表，如

第1章 高效处理千万数据

图1-28所示。

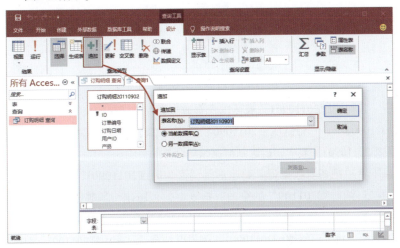

图1-28 追加查询设计视图—【追加】对话框

STEP 04 单击【确定】按钮,返回查询的设计视图,依次双击选择"订购明细20110902"表中所有字段,被选择的字段将在下面的查询设计网格中显示,如图1-29所示。

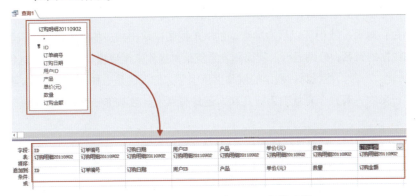

图1-29 追加查询设计视图—字段选择

STEP 05 单击【设计】选项卡中【结果】组的【运行】按钮(如图1-30所示),Access数据库将弹出如图1-31所示的提示框,单击【是】按钮,Access数据库直接执行追加查询操作。

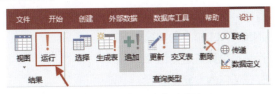

图1-30 【设计】选项卡

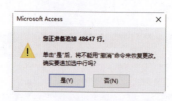

图1-31　追加查询操作提示框

双击"订购明细20110901"表可以查看追加查询的结果。重复上述步骤，将"订购明细20110903"、"订购明细20110904"表中记录，通过"追加查询"功能追加至"订购明细20110901"表中，以达到数据纵向合并的目的。

如果不希望把各表数据记录都追加至"订购明细20110901"表中，而希望追加至表名为"订购明细201109"的空白数据表中，可新建一张数据结构与"订购明细20110901"表一致，并且表名为"订购明细201109"的空白数据表，通过上述的"追加查询"功能，将"订购明细20110901"等表追加至"订购明细201109"表中。

小白：原来如此。可是我有个问题，如果需要合并的表较少，通过菜单操作还可接受，如果需要合并的表较多时，这样操作就比较麻烦了，该怎么办？

（2）SQL查询法

Mr.林：小白，你这个问题很不错，当需要合并的表较多时，这样操作确实效率低下，我们可以转变下思路，想一想能否采用SQL语句呢？

小白：对啊！我们可以从追加查询的SQL视图中取出相应的SQL语句，只要更改要追加数据的表名，分别运行，就比刚才重复菜单操作来得便捷。Mr.林，是这样吗？

Mr.林：小白，不错啊！刚学的就马上用上了，你说的是一种思路，不过这样也要分开运行多次，有几个表就要运行几次，还是有点慢。我教你一个只要运行一次的妙招。

小白张大嘴巴：还有这样的妙招？Mr.林，快快教我。

Mr.林：就是用UNION ALL或UNION指令进行两表或多表合并，但是所有查询中的列数和列的顺序必须相同，数据类型必须兼容。

小白疑惑不解地问：这两个指令有何不同呢？什么情况下该用UNION ALL？什么情况下该用UNION？

Mr.林：UNION ALL就是将各表的记录合并到一起，并且对这些记录不做任何更改。而UNION会删除各表存在的重复记录，并对记录进行自动排序，这样UNION比UNION ALL需要更多的计算资源，所以尽可能使用UNION ALL指令进行各表合并。

一般需要使用UNION ALL指令的情况如下：

★ 知道有重复记录且想保留这些记录。

★ 知道不可能存在任何的重复记录。

★ 不在乎是否存在任何的重复记录。

第1章 高效处理千万数据

现在我们就来看看如何使用UNION ALL来合并9月1日—9月4日的4张当日订购明细表，合并至"订购明细201109"的空白数据表，因为我们知道这4张当日订购明细表之间不可能存在重复记录，所以这里使用UNION ALL指令，具体步骤如下。

STEP 01 新建表名为"订购明细201109"的空白数据表，要求其表结构、各字段数据类型与"订购明细20110901"表一致，相应的SQL语句如下：

```
SELECT * INTO 订购明细201109
FROM 订购明细20110901
WHERE 1=2;
```

小白疑惑不解地问：为什么条件是"1=2"呢？

Mr.林：我们的目的是得到"订购明细20110901"表的结构，而不需要表里面的记录，因而需要设置一个不可能存在的条件，因为1是不可能等于2的，所以在建立的"订购明细201109"表里将插入0条记录，这样就巧妙地新建一张表结构、各字段数据类型与"订购明细20110901"表一致的空白数据表"订购明细201109"。

STEP 02 在刚才的Access数据库追加查询结果窗口中，单击Access数据库窗口右下方的 SQL 按钮，得到如下SQL语句：

```
INSERT INTO 订购明细20110901 (订单编号,订购日期,用户ID,产品,[单价(元)],数量,订购金额)
SELECT 订单编号,订购日期,用户ID,产品,[单价(元)],数量,订购金额
FROM 订购明细20110902;
```

STEP 03 修改、添加相应的SQL语句，结果如下（红色加粗部分为修改、添加之处）：

```
INSERT INTO 订购明细201109 (订单编号,订购日期,用户ID,产品,[单价(元)],数量,订购金额)
SELECT 订单编号,订购日期,用户ID,产品,[单价(元)],数量,订购金额
FROM
(SELECT A.订单编号,A.订购日期,A.用户ID,A.产品,A.[单价(元)],A.数量,A.订购金额
FROM 订购明细20110901 AS A
UNION ALL
SELECT B.订单编号,B.订购日期,B.用户ID,B.产品,B.[单价(元)],B.数量,B.订购金额
FROM 订购明细20110902 AS B
UNION ALL
SELECT C.订单编号,C.订购日期,C.用户ID,C.产品,C.[单价(元)],C.数量,C.订购金额
FROM 订购明细20110903 AS C
UNION ALL
SELECT D.订单编号,D.订购日期,D.用户ID,D.产品,D.[单价(元)],D.数量,D.订购金额
FROM 订购明细20110904 AS D);
```

Mr.林看到小白疑惑不解的样子，就继续解释：下面圆括号里的语句是子查询语句，子查询的结果将生成一张数据表，它将作为插入语句（INSERT INTO）的源表，这也叫嵌套查询，原理就与IF函数的嵌套原理基本类似。

小白豁然开朗：原来是这样。

Mr.林：小白，你有没有发现，因为各个表的表结构、数据类型都是一样的，所以对于这段SQL语句我们还可以简化：

```
INSERT INTO 订购明细201109
SELECT * FROM
(SELECT * FROM 订购明细20110901
UNION ALL
SELECT * FROM 订购明细20110902
UNION ALL
SELECT * FROM 订购明细20110903
UNION ALL
SELECT * FROM 订购明细20110904);
```

小白：果然简化了很多。这么说，当多张表的表结构、数据类型一样时，可以用"SELECT *"的方式查询所有字段与记录；当多张表的表结构、数据类型不一样时，就要单独提出需要的字段，有时候甚至还要进行字段类型的转换，将各表对应的各个字段类型统一，是这样的吗？

Mr.林：没错，孺子可教也！

接下来我们就要将修改好的SQL语句，复制到SQL视图窗口运行。

STEP 04 单击【创建】选项卡，在【查询】组中单击【查询设计】按钮，关闭弹出查询的【显示表】对话框，单击Access数据库窗口右下方的 SQL 按钮，进入SQL视图窗口，将修改好的SQL语句复制到SQL视图窗口，如图1-32所示。

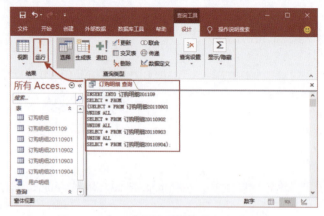

图1-32　SQL查询视图数据纵向合并示例

第1章 高效处理千万数据

STEP 05 单击【设计】选项卡中【结果】组的【运行】按钮,如图1-32所示,Access数据库将弹出类似如图1-31所示的提示框,单击【是】按钮,Access数据库直接执行追加查询操作。

小白:Mr.林,我有个问题,刚才建空白数据表"订购明细201109"的时候,我们只用了"订购明细20110901"的表结构,那为什么不把9月1日—9月4日4张当日订购明细表的记录也一起加进去呢?

Mr.林:小白,不错,有想法。刚才我介绍的是追加查询的方法,你的提议是直接查询并把数据添加至新表中,这是可行的。这样好了,你来写相应的SQL语句。

小白不客气地说:那我就班门弄斧啦!我这就写来:

```
SELECT * INTO 订购明细201109
FROM
(SELECT * FROM 订购明细20110901
UNION ALL
SELECT * FROM 订购明细20110902
UNION ALL
SELECT * FROM 订购明细20110903
UNION ALL
SELECT * FROM 订购明细20110904);
```

小白写完问道:Mr.林,您看,是这样的吗?

Mr.林:咱们运行一下,不就知道结果了嘛!

小白:好的,那我单击【运行】按钮啦!哇,果真!这样比较方便快捷,一步到位!

1.1.5 快速实现数据计算

Mr.林:小白,接下来学习在Access数据库中进行数据计算,这里的数据计算是指对原有的字段进行相应的计算得到新的字段,以满足我们的分析需求。你还记得数据计算有哪几种方式吗?

小白:当然记得,工作中也常用到嘛!数据计算包括简单计算与函数计算。
★ 简单计算就是加、减、乘、除等简单算术运算。
★ 函数计算就是通过软件内置的函数进行计算,比如求和、求平均值、最大值、最小值等。

Mr.林:还不错,都没忘,那我们就先来学习Access数据库中的简单计算。

◎ 简单计算

Mr.林:以"订购明细"表为例,这个表里面有每张订单的详细信息,如订购的"产品"、"单价"、"数量"、"订购金额",这里的"订购金额"就是通过"单价”×“数量”计算而来。现在假设没有这个“订购金额”字段，而需要通过简单计算方式来新增“订购金额”字段。

（1）菜单操作法

STEP 01 单击【创建】选项卡，在【查询】组中单击【查询设计】按钮。

STEP 02 在弹出的【设计视图】和【显示表】对话框中，选择“订购明细”表，单击【添加】按钮将表添加进查询的设计视图。

STEP 03 依次双击选择“订购明细”表中所有字段，被选择的字段会在下面的查询设计网格中显示，如图1-33所示。

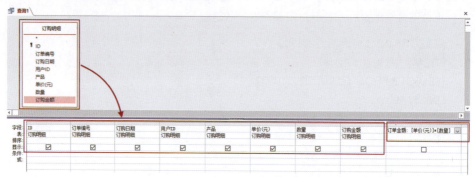

图1-33 查询设计视图—字段选择

STEP 04 在第8个字段表中输入“订单金额: [单价(元)]*[数量]”，表示“订单金额=单价(元)× 数量”，如图1-33所示。

STEP 05 单击【设计】选项卡中【结果】组的【运行】按钮，运行结果如图1-34所示。

查询1

ID	订单编号	用户ID	产品	单价(元)	数量	订购金额	订单金额
1	119000001	119970	产品A	100	6	600	600
2	119000002	128236	产品D	300	6	1800	1800
3	119000003	130887	产品B	200	10	2000	2000
4	119000004	132368	产品B	200	7	1400	1400
5	119000005	133422	产品A	100	10	1000	1000
6	119000006	137401	产品D	300	9	2700	2700
7	119000007	138462	产品B	200	8	1600	1600
8	119000008	146853	产品A	100	1	100	100
9	119000009	149841	产品B	200	9	1800	1800
10	119000010	151129	产品A	100	3	300	300
11	119000011	154583	产品A	100	8	800	800
12	119000012	154597	产品D	300	7	2100	2100
13	119000013	158949	产品A	100	4	400	400
14	119000014	162870	产品A	100	7	700	700
15	119000015	164038	产品D	300	4	1200	1200
16	119000016	165839	产品D	300	5	1500	1500
17	119000017	168738	产品B	200	5	1000	1000
18	119000018	176509	产品A	100	5	500	500
19	119000019	177562	产品B	200	2	400	400
20	119000020	182291	产品D	300	10	3000	3000
21	119000021	184573	产品A	100	10	1000	1000
22	119000022	192415	产品D	300	7	2100	2100
23	119000023	104629	产品A	100	3	300	300
24	119000024	124009	产品D	300	5	1500	1500
25	119000025	124230	产品A	100	5	500	500

记录: 第 1 项(共 3405 搜索

图1-34 简单计算的运行结果

第1章 高效处理千万数据

Mr.林：小白，你看，我们计算出来的"订单金额"与原表的"订购金额"数据一致。

小白：没错，完全相等。

（2）SQL查询法

Mr.林：我们再来看SQL查询法。同理，在刚才的Access数据库查询结果窗口中，单击Access数据库窗口右下方的 SQL 按钮，得到如下简化的SQL语句：

```
SELECT 订单编号,订购日期,用户ID,产品,[单价(元)],数量,订购金额,[单价(元)]*[数量] AS 订单金额
FROM 订购明细;
```

可以看出，在SQL语句中进行简单计算的方式，就是直接写出运算表达式，然后对新增的字段采用AS命令命名即可。

同样，我们只需单击【设计】选项卡中【结果】组的【运行】按钮，Access数据库直接按照编写好的SQL语句执行相应的查询操作。

小白：确实简单、方便。

◎ 函数计算

Mr.林：我们继续来学习Access数据库中的函数计算。

假如现在我们需要了解截至2011年年底用户注册天数的分布，以掌握现有存量用户的构成情况，为后续用户细分做准备。数据库中现有的"用户明细"表只有用户注册日期，我们需要通过相应的日期函数计算得到用户注册的天数。

我们可用DATEDIFF函数，它的作用与Excel中的DATEDIF函数一致，但用法略有不同，不同之处在于日期间隔参数移至表达式前部，其参数设置及说明详见图1-35，其语法如下：

```
DATEDIFF("参数",起始日期,结束日期)
```

参数	说明
yyyy	年
q	季度
m	月
d	天
w	周
h	时
n	分
s	秒

图1-35 DATEDIFF函数参数设置及说明表

再次提醒：在函数参数或条件查询中，若参数或查询条件为日期和时间类型，需要在数据值两端加上井字符号（#），以表示数据类型为日期型。

29

我们可以在如图1-33所示的查询设计网格字段中输入函数进行计算,也可以直接在SQL语句中进行计算。在此以SQL语句应用为例,编写的SQL语句如下:

```
SELECT 用户ID,注册日期,DATEDIFF("D",注册日期,#2011-12-31#) AS 注册天数
FROM 用户明细;
```

字段可根据实际需求选择,尽量减少不必要的字段,字段越少越好,可大大提升系统运行效率。

将编写好的SQL语句直接复制到一个新建的查询SQL视图窗口中(操作步骤可参见前文),单击【运行】按钮,得到如图1-36所示的结果。

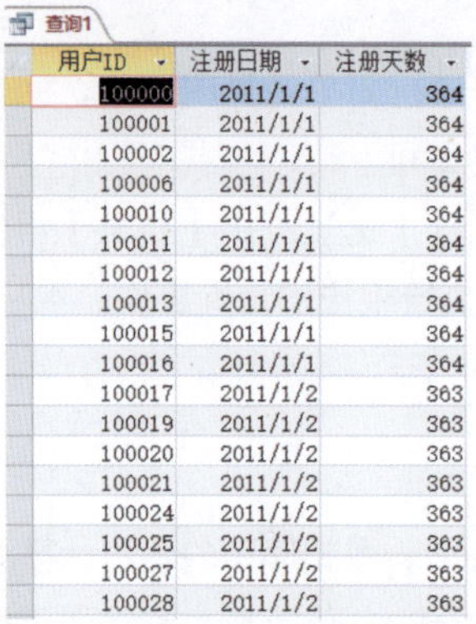

用户ID	注册日期	注册天数
100000	2011/1/1	364
100001	2011/1/1	364
100002	2011/1/1	364
100006	2011/1/1	364
100010	2011/1/1	364
100011	2011/1/1	364
100012	2011/1/1	364
100013	2011/1/1	364
100015	2011/1/1	364
100016	2011/1/1	364
100017	2011/1/2	363
100019	2011/1/2	363
100020	2011/1/2	363
100021	2011/1/2	363
100024	2011/1/2	363
100025	2011/1/2	363
100027	2011/1/2	363
100028	2011/1/2	363

图1-36　DATEDIFF函数计算结果示例

其他Access数据库常用函数如图1-37所示,可根据实际计算需求采用。

函数类别	常用函数	说明
日期	Year()	返回给定日期的年份
	Month()	返回给定日期的月份
	Day()	返回给定日期的天
	Date()	返回系统日期
	DateDiff()	计算两个给定日期的间隔,DateDiff("参数",起始日期,结束日期),参数详见图1-35
	DatePart()	返回给定日期时间的指定部分,DatePart("参数",日期),参数详见图1-35
数学	Abs()	返回数值的绝对值
	Int()	返回数值的整数部分
	Round()	将数值四舍五入到指定的小数位数
字符	Len()	返回字符串的长度
	Mid()	返回字符串从指定位置开始指定个数的字符
	Left()	返回字符串从左边开始指定个数的字符
	Right()	返回字符串从右边开始指定个数的字符

图1-37　Access数据库常用函数

小白：好的，我先记下，留着备用。

1.1.6 数据分组小妙招

Mr.林：小白，还记得数据分析三大基本方法吗？

小白：当然记得：对比、细分与预测。

Mr.林：是的，现在我们就要学习其中的细分方法，也就是数据分组。

进行数据分析时不仅要对总体的数量特征和数量关系进行分析，还要深入总体的内部进行分组分析。数据分组是一种重要的数据分析方法，这种方法根据数据分析对象的特征，按照一定的标志（指标），如业务、用户属性、时间等维度，把数据分析对象划分为不同的部分和类型来进行研究，以揭示其内在的联系和规律性。

常用的数据分组方式主要包括数值分组、日期/时间分组两种。

◉ 数值分组

（1）IIF函数法

Mr.林：小白，还记得Excel中的IF函数吧？

小白：当然，这个函数可好用了，IF与VLOOKUP函数相当于万金油，是工作中用到最多的两个函数。

Mr.林：现在我们要学的第一个用于数值分组的函数是IIF，它与Excel中的IF函数的用法及功能一样。在Access数据库中，IIF函数最多可进行13层嵌套，如果嵌套超过13层，运行时Access数据库将提示"表达式过于复杂"。

IIF函数的语法如下：

IIF (表达式, 表达式成立时返回的值, 表达式不成立时返回的值)

仍以"用户明细"表为例。表中有个"年龄"字段，我们需要了解用户年龄结构，这时就需要对用户年龄进行分组。下面采用IIF函数进行分组，编写的SQL语句如下：

```
SELECT 用户ID,年龄,
    IIF(年龄<=20,"20岁及其以下",
    IIF(年龄<=30,"21-30岁",
    IIF(年龄<=40,"31-40岁",
    "40岁以上"))) AS 年龄分组
FROM 用户明细;
```

将编写好的SQL语句直接复制到一个新建的查询SQL视图窗口中，单击【运行】按钮，得到如图1-38所示的结果。

图1-38　IIF函数分组结果示例

小白：果然，IIF函数的用法及效果与Excel中的IF函数一样。

（2）CHOOSE函数法

Mr.林：第二个用于数值分组的函数CHOOSE，它与Excel中的CHOOSE函数的用法及功能一样。CHOOSE函数的语法如下：

CHOOSE (参数, 结果1, 结果2,……, 结果N)

说明：

① 参数可为数值或表达式，如果参数或表达式返回的值为1，则函数CHOOSE返回结果1；如果参数或表达式返回的值为2，函数CHOOSE 返回结果2，以此类推。

② 参数或表达式返回的值必须为1~254之间的数字，如果小于1或者大于254，则Access数据库将返回错误值"#VALUE!"。

③ 如果参数为小数，则在使用前将被截尾取整，即相当于Excel中的INT函数效果。

仍以"用户明细"表为例，对用户年龄进行分组，下面就采用CHOOSE函数进行分组，编写的SQL语句如下：

```
SELECT 用户ID,年龄,
CHOOSE((年龄-1)/10+1,"10岁及其以下","11-20岁","21-30岁","31-40岁","40岁以上")  AS 年龄分组
FROM 用户明细;
```

将编写好的SQL语句直接复制到一个新建的查询SQL视图窗口中，单击【运行】按钮，得到如图1-39所示的结果。

小白：Mr.林，请教一个问题，为何表达式为"(年龄-1)/10+1"？

Mr.林：我们可以分步来看。首先假设年龄范围是1~10岁，那么"(年龄-1)/10"返回的值就落入[0,1)区间，而"(年龄-1)/10+1"返回的值就落入[1,2)区间，根据刚才介绍的函数说明的第3点"如果参数为小数，则在使用前将被截尾取整"原则，那么参数最终的返回值为1，也就对应第1个结果"10岁及其以下"，以此类推，就可把用户年龄划分为不同的范围，从而保证各个用户年龄都能落入正确的区间。

图1-39　CHOOSE函数分组结果示例

小白：原来如此，我明白了。

（3）SWITCH函数法

Mr.林：第三个用于数值分组的函数是SWITCH。SWITCH函数的语法如下：

SWITCH (条件1,结果1,条件2,结果2,……,条件N,结果N)

说明：

① 如果条件1为True，SWITCH将返回结果1，如果条件2为True，SWITCH将返回结果2，以此类推。

② 参数由成对的条件表达式和结果值组成，条件表达式按照从左到右的顺序求值，将返回与第一个求值结果为 True 的表达式相对应的结果值。

③ SWITCH函数在SQL语句中的条件表达式最多可以达到14个，如果多于14个表达式，将提示错误。

④ 如果所有表达式的结果值都不为True，SWITCH将返回 Null。

我们仍以"用户明细"表为例，对用户年龄进行分组。下面就采用SWITCH函数进行分组，编写的SQL语句如下：

```
SELECT 用户ID,年龄,
SWITCH(年龄<=20,"20岁及其以下",
       年龄<=30,"21-30岁",
       年龄<=40,"31-40岁",
       年龄>40,"40岁以上") AS 年龄分组
FROM 用户明细;
```

将编写好的SQL语句直接复制到一个新建的查询SQL视图窗口中，单击【运行】按钮，得到的结果与IIF函数的分组结果一样，如图1-38所示。

小白：果然，SWITCH函数分组与IIF函数分组效果一样，但SWITCH函数会让人感觉分组更清晰些。

（4）PARTITION函数法

Mr.林：第四个用于数值分组的函数是PARTITION。PARTITION函数的语法如下：

PARTITION (数值参数,开始值,结束值,组距)

说明：

① 数值参数为要根据范围进行计算的整数。

② 开始值必须为整数，并且不能小于0。

③ 结束值也必须为整数，该数值不能等于或小于开始值。

④ 组距也必须为整数，指定在整个数值范围内（在开始值与结束值之间）的分区大小。

⑤ PARTITION返回的内容为每组的“下限：上限”。

我们仍以“用户明细”表为例，对用户年龄进行分组。下面就采用PARTITION函数进行分组，开始值设置为1，结束值设置为100，组距设置为20，编写的SQL语句如下：

```
SELECT 用户ID,年龄,
PARTITION(年龄,1,100,20)  AS 年龄分组
FROM 用户明细;
```

将编写好的SQL语句直接复制到一个新建的查询SQL视图窗口中，单击【运行】按钮，得到的结果如图1-40所示。

查询1

用户ID	年龄	年龄分组
100000	23	21: 40
100001	18	1: 20
100002	24	21: 40
100006	30	21: 40
100010	22	21: 40
100011	20	1: 20
100012	45	41: 60
100013	20	1: 20
100015	24	21: 40
100016	27	21: 40
100017	44	41: 60
100019	41	41: 60
100020	22	21: 40
100021	21	21: 40
100024	22	21: 40

图1-40　PARTITION函数分组结果示例

小白：哇，用PARTITION函数分组更加简单、清晰、明了。

（5）四个分组函数的比较

小白：Mr.林，还有个问题，这四个数值分组函数，分别在什么情况下使用呢？

Mr.林：好的。我就来总结一下这四个数值分组函数的优缺点（如图1-41所示），这样你可以根据实际情况选择相应的函数进行数据分组。

如果要进行数值等距分组，可考虑使用PARTITION或CHOOSE函数；如果要进行数值不等距分组，可考虑使用SWITCH或IIF函数。

第1章 高效处理千万数据

小白：经过您这么归纳、总结和对比，四个数值分组函数的优缺点很清晰直观，我知道该如何选择使用了。

数值分组函数	优点	缺点
IIF	可进行不等距分组	语句冗长，极易出错 IIF函数最多可进行13层嵌套
CHOOSE	分组可达254个	只能进行等距分组
SWITCH	可进行不等距分组	条件表达式最多达到14个
PARTITION	分组不限 语句简单、清晰、明了	只能进行等距分组

图1-41 四个分组函数的优缺点比较

◉ 日期/时间分组

Mr.林：介绍完数值分组，接下来学习对日期/时间的分组，这一类分组也是我们数据处理与分析工作中常用到的。

在Access数据库中，除了可以采用YEAR、MONTH、DAY等常用日期函数（如图1-37所示）进行日期分组外，我们还可以采用FORMAT函数进行日期/时间分组。FORMAT函数可对文本、数值、日期/时间等类型的数据按指定要求进行格式化，这里我们主要介绍FORMAT函数的日期/时间格式化功能。FORMAT函数的语法如下：

FORMAT（日期/时间,日期/时间格式参数）

FORMAT函数中日期/时间相关的格式参数说明如图1-42所示。

日期/时间格式参数	说明
:（冒号）	时间分隔符
/	日期分隔符
d	根据需要以一位或两位数字表示一个月中的第几天（1~31）
dddd	星期的全称（Sunday~Saturday）
w	一周中的第几天（1~7）
ww	一年中的第几周（1~53）
m	根据需要以一位或两位数字表示一年中的月份（1~12）
mmmm	月份的全称（January~December）
q	一年中的第几季度（1~4）
y	一年中的第几天（1~366）
yyyy	完整的年份（0100~9999）
h	根据需要以一位或两位数字表示小时（0~23）
n	根据需要以一位或两位数字表示分钟（0~59）
s	根据需要用一位或两位数字表示秒（0~59）

图1-42 FORMAT函数日期/时间参数说明表

我们以“订购明细”表为例，对用户订购日期依次按年、季、月、日、星期、小时、分、秒等8个日期/时间单位进行格式化分组。下面就采用FORMAT函数进行分组，编写的SQL语句如下：

```
SELECT 订单编号,订购日期,
FORMAT(订购日期,"yyyy") AS 年,
FORMAT(订购日期,"q") AS 季,
FORMAT(订购日期,"m") AS 月,
FORMAT(订购日期,"d") AS 日,
FORMAT(订购日期,"dddd") AS 星期,
FORMAT(订购日期,"h") AS 小时,
FORMAT(订购日期,"n") AS 分,
FORMAT(订购日期,"s") AS 秒
FROM 订购明细;
```

将编写好的SQL语句直接复制到一个新建的查询SQL视图窗口中，单击【运行】按钮，得到的结果如图1-43所示。

查询1

订单编号	订购日期	年	季	月	日	星期	小时	分	秒
119000001	2011/9/1	2011	3	9	1	Thursday	0	0	0
119000002	2011/9/1	2011	3	9	1	Thursday	0	0	0
119000003	2011/9/1	2011	3	9	1	Thursday	0	0	0
119000004	2011/9/1	2011	3	9	1	Thursday	0	0	0
119000005	2011/9/1	2011	3	9	1	Thursday	0	0	0
119000006	2011/9/1	2011	3	9	1	Thursday	0	0	0
119000007	2011/9/1	2011	3	9	1	Thursday	0	0	0
119000008	2011/9/1	2011	3	9	1	Thursday	0	0	0
119000009	2011/9/1	2011	3	9	1	Thursday	0	0	0
119000010	2011/9/1	2011	3	9	1	Thursday	0	0	0
119000011	2011/9/1	2011	3	9	1	Thursday	0	0	0
119000012	2011/9/1	2011	3	9	1	Thursday	0	0	0
119000013	2011/9/1	2011	3	9	1	Thursday	0	0	0
119000014	2011/9/1	2011	3	9	1	Thursday	0	0	0
119000015	2011/9/1	2011	3	9	1	Thursday	0	0	0

图1-43　FORMAT函数日期/时间分组结果示例

小白： FORMAT函数真方便，我想要什么样的日期/时间分组，就有什么样的日期/时间分组。

1.1.7　重复数据巧处理

Mr.林： 小白，还记得在Excel中处理重复数据的几种方式吗？

小白： 当然记得，有函数、条件格式标识、高级筛选、数据透视表等方法。

Mr.林： 没错，接下来学习Access数据库中处理重复数据的方法，主要包含重复项查询、不重复项查询以及数据去重查询，同样也可以通过菜单操作、SQL语句两种方式完成。

第1章 高效处理千万数据

◎ 重复项查询

（1）菜单操作法

Mr.林： 小白，之前学习新建简单查询时，对话框里面就有一项"查找重复项查询向导"功能（如图1-20所示），下面就要用它来查找数据重复项。我们以查找"订购明细"表中重复的"用户ID"为例，具体查询操作如下。

STEP 01 单击【创建】选项卡，在【查询】组中单击【查询向导】按钮。

STEP 02 在弹出的【新建查询】对话框中，选择【查找重复项查询向导】，如图1-20所示，单击【确定】按钮。

STEP 03 在弹出的【查找重复项查询向导】的第一个对话框中，选择【表】视图，并在列表框中选择"订购明细"表作为查询对象，单击【下一步】按钮，如图1-44所示。

图1-44 【查找重复项查询向导】对话框1

STEP 04 在【查找重复项查询向导】的第二个对话框的【可用字段】列表框中，选择"用户ID"作为要进行查找重复项查询的字段，单击【完成】按钮，如图1-45所示。

图1-45 【查找重复项查询向导】对话框2

Mr.林：查找"订购明细"表中"用户ID"重复的结果，如图1-46所示。从重复项查询结果中可获知两个信息：重复订购的用户ID，每个重复订购用户所重复订购的次数。

图1-46 重复项查询结果示例

小白惊讶地说道：哇！比Excel方便很多！如果用Excel数据透视表进行重复用户统计，还需要把统计结果复制出来，再筛选出订购次数大于或等于2次的结果。

Mr.林：没错，Access数据库还能处理比Excel大得多的数据，而且速度一点也不慢。

（2）SQL查询法

小白：Mr.林，快单击Access数据库窗口右下方的 _{SQL} 按钮，我想看看这个查找重复项算法是怎样的，SQL语句是怎么写的。

Mr.林：好的。单击Access数据库窗口右下方的 _{SQL} 按钮，其简化的SQL语句如下：

```
SELECT First(用户ID), Count(用户ID) AS NumberOfDups
FROM 订购明细
GROUP BY 用户ID
HAVING Count(用户ID)>1;
```

将编写好的SQL语句直接复制到一个新建的查询SQL视图窗口中，单击【运行】按钮，同样可以得到如图1-46所示的结果。

小白：咦！多了几条陌生的语句，First、Count、GROUP BY、HAVING分别代表什么意思？Count，我知道，在Excel中是计数的意思，它在Access数据库中也是计数的意思吧？

Mr.林：没错，Count就是计数的意思。

First，很简单，就是第一，在这里的意思就是第一条记录。有第一就有最后，其函数为Last。如果有用户重复订购，那么我们也可不使用First函数，直接用字段表示即可，"用户ID"取哪个值都是一样的。

GROUP BY子句就是实现对数据按指定的分组字段进行分组，本例中按用户进行分组，这与数据透视表分组统计的道理是一样的。

第1章 高效处理千万数据

HAVING子句在SELECT语句中与GROUP BY子句联合使用，用于表示GROUP BY子句输出结果的条件，其作用相当于WHERE子句之于SELECT语句。即WHERE子句设定被选择字段的条件，而HAVING子句设置GROUP BY子句形成的分组条件。

另外，它们都需要使用关系比较运算符："="、"<"、">"、"<="、">="或"<>"。

在本例中，"HAVING Count(用户ID)>1"的意思就是对用户ID出现2次及以上的数据进行分组。

小白：明白了。

◉ 不重复项查询

Mr.林：找出了重复项，那么不重复项如何找呢，小白？

小白：我想想……有了，既然重复项是用户订购次数大于或等于2次的结果，那么不重复项不就是用户订购次数等于1的结果吗？也就是说，我们只需在刚才查找重复项的SQL语句中，把"HAVING Count(用户ID)>1"更改为"HAVING Count(用户ID)=1"即可，是这样的吗，Mr.林？

Mr.林：真聪明！非常正确，加10分，查找不重复项的SQL语句如下：

```
SELECT 用户ID, Count(用户ID) AS NumberOfDups
FROM 订购明细
GROUP BY 用户ID
HAVING Count(用户ID)=1;
```

将编写好的SQL语句直接复制到一个新建的查询SQL视图窗口中，单击【运行】按钮，同样可以得到如图1-47所示的结果。

用户ID	NumberOfDups
100018	1
100019	1
100021	1
100027	1
100029	1
100030	1
100091	1
100093	1
100111	1
100185	1
100201	1
100220	1
100245	1
100249	1
100264	1
100294	1

图1-47 不重复项查询结果示例

小白：学会SQL语句确实很方便，数据处理起来效率很高，一条SQL语句就可以了。

🎯 数据去重查询

Mr.林：小白，如果我要进行数据去重——就是找出所有购买行为的"用户ID"，但只保留其中一条，在Excel 2007～2019版本有"删除重复项"功能，那么在Access数据库中如何处理呢？

（1）GROUP BY子句

小白：非常简单啊！刚才对重复项和不重复项的查找都是在HAVING子句设置GROUP BY子句形成的分组条件下进行的，如果要去重，就不需要设置条件，显示出所有唯一的"用户ID"，直接用GROUP BY"用户ID"字段即可，这个同样与数据透视表分组统计的道理是一致的。

Mr.林：非常正确，再加10分，数据去重的SQL语句如下：

```
SELECT 用户ID
FROM 订购明细
GROUP BY 用户ID;
```

将编写好的SQL语句直接复制到一个新建的查询SQL视图窗口中，单击【运行】按钮，可以得到如图1-48所示的结果。

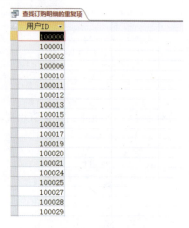

图1-48　数据去重查询结果示例

（2）DISTINCT

Mr.林：在Access数据库中，我们还可以使用DISTINCT关键字，它的作用就是忽略所选字段中包含重复数据的记录，简单来说，就是数据去重。对于刚才的例子：找出所有有购买行为的"用户ID"，但只保留其中一条，其SQL语句如下：

```
SELECT DISTINCT 用户ID
FROM 订购明细;
```

将编写好的SQL语句直接复制到一个新建的查询SQL视图窗口中，单击【运行】按钮，同样可以得到如图1-48所示的结果。

第1章 高效处理千万数据

需要注意的是，如果SELECT子句中包含多个字段，则对于结果中包含的特定记录，其所有字段的值组合必须是唯一的。

小白：好的。

1.1.8 数据分析一步到位

Mr.林：小白，我们学习了Access数据库中的数据合并、数据计算、数据分组、重复数据处理四大常用的数据处理方式。

而数据处理的目的就是将采集到的数据，用适当的处理方法整理加工，形成适合数据分析要求的样式，也就是一维表，为数据分析做好准备工作。

小白：我知道您的意思了，接下来是要进行数据分析了吧？

Mr.林：没错。我们在日常工作中所做的数据分析，主要指通过对比与细分进行现状分析及原因分析，通过数据分组了解其数据构成，甚至通过不同时间维度的对比，查找数据变化的原因，最后通过制作相关图表等对现状进行呈现及描述。

接下来学习在Access数据库中进行数据分析的方法，主要包含简单统计、分组统计、交叉表统计三种方法，我主要介绍SQL语句实现方式。

小白：Mr.林，打断一下，我发现Access数据库中有数据透视表功能，为什么不用数据透视表进行数据分析呢？

Mr.林：这个问题问得好。不用的原因是因为在Access数据库中使用数据透视表时，拖动一个字段，Access数据库就会计算一次，数据越多，其计算速度就越慢，也不知何时结束计算。如果每拖动一次字段就这样计算一次，你会疯掉！你可以事后自行测试一下。

而用SQL语句，你只需写一次，直接单击【运行】按钮即可。并且有运行进度条显示运行进度，大大提高数据分析效率，所以我推荐用SQL语句进行数据分析。

小白：明白，您继续。

◉ 简单统计

Mr.林：在重复数据处理时我们已经用到一个计数函数Count，这是最常用的统计函数之一。Access数据库中常见的统计函数如图1-49所示。

我们以"订购明细"表为例，统计"订单总数"、"订购金额总额"、"平均订单金额"三个数据，SQL语句如下：

```
SELECT
Count(订单编号) AS 订单总数,
Sum(订购金额) AS 订购金额总额,
Avg(订购金额) AS 平均订单金额
FROM 订购明细;
```

统计函数	说明
Count()	统计指定列中值的个数
Sum()	计算数值型数据的总和
Avg()	计算数值型数据的平均值
Max()	筛选出数据的最大值
Min()	筛选出数据的最小值
StDev()	计算数值型数据的标准差
Var()	计算数值型数据的方差

图1-49　Access数据库常用的统计函数

将编写好的SQL语句直接复制到一个新建的查询SQL视图窗口中，单击【运行】按钮，可以得到如图1-50所示的结果。

订单总数	订购金额总额	平均订单金额
340523	382184900	1122.3468018313

图1-50　简单统计结果示例

◉ 分组统计

Mr.林：小白，在学习重复数据处理时我们还用过一个GROUP BY子句，实现对数据按指定的分组字段进行分组的功能。

小白：对，您说这个与数据透视表分组统计的道理是一致的。

Mr.林：没错。我们同样以"订购明细"表为例，统计各个产品的"订单总数"、"订购金额总额"、"平均订单金额"的数据，SQL语句如下：

```
SELECT 产品,
Count(订单编号) AS 订单总数,
Sum(订购金额) AS 订购金额总额,
Avg(订购金额) AS 平均订单金额
FROM 订购明细
GROUP BY 产品;
```

将编写好的SQL语句直接复制到一个新建的查询SQL视图窗口中，单击【运行】按钮，可以得到如图1-51所示的结果。

产品	订单总数	订购金额总额	平均订单金额
产品A	149875	82268900	548.916763969975
产品B	48678	53732800	1103.84157114097
产品C	6656	10400600	1562.59014423077
产品D	116802	192787200	1650.54707967329
产品E	14231	31430400	2208.5868877802
产品F	4281	11565000	2701.47161878066

图1-51　产品分组统计结果示例

第1章 高效处理千万数据

Mr.林：小白，你发现这个分组统计与刚才的简单统计SQL语句有什么区别吗？

小白：发现了，就是在最后加上"GROUP BY 产品"，并且在SELECT中增加"产品"字段。

Mr.林：是的，分组统计就是这么简单。再来看一个复杂一点的案例。还是以"订购明细"表为例，我们需要了解用户订购时段分布信息。原有"订购明细"表只有"订购日期"字段，需要取出时段信息，这时可采用FORMAT函数，SQL语句如下：

```
SELECT FORMAT(订购日期,"h") AS 时段,
Count(订单编号) AS 订单数
FROM 订购明细
GROUP BY FORMAT(订购日期,"h");
```

将编写好的SQL语句直接复制到一个新建的查询SQL视图窗口中，单击【运行】按钮，可以得到如图1-52所示的结果。我们只需复制出统计结果，保存到Excel中，调整一下时段顺序，即可绘制用户订购时段分布图。

时段	订单数
0	19142
1	10673
10	14646
11	15752
12	19007
13	18472
14	15087
15	15826
16	16929
17	15930
18	17835
19	18342
2	5548
20	18841
21	23290
22	25625
23	24537
3	3762
4	2695
5	2532
6	4455
7	7534
8	10995
9	13068

图1-52 时段分组统计结果示例

小白：哦，只要在原来的基础上，把分组表达式当作一个字段，放在GROUP BY后面，同时在SELECT中增加分组表达式，并重新命名。

Mr.林：是的，我们再来看一个更复杂些的案例。还是以"订购明细"表为例，我们需要了解不同年龄段用户的订购分布情况，原有"订购明细"表中没有用户年龄信息，并且订购用户存在重复情况，需要去重。

小白：确实又复杂了一些，怎么做呢？

Mr.林：先将"订购明细"表与"用户明细"表按关键字段"用户ID"进行关联查询，并且可同时进行去重处理，采用PARTITION函数法对用户年龄分组，然后把查询

结果作为子查询嵌套在分组统计查询中。SQL语句如下：

```
SELECT 年龄分组, Count(用户ID) AS 用户数
FROM
(SELECT DISTINCT A.用户ID, PARTITION(B.年龄,1,100,5) AS 年龄分组
FROM 订购明细 A, 用户明细 B
WHERE A.用户ID = B.用户ID)
GROUP BY 年龄分组;
```

将编写好的SQL语句直接复制到一个新建的查询SQL视图窗口中，单击【运行】按钮，可以得到如图1-53所示的结果。

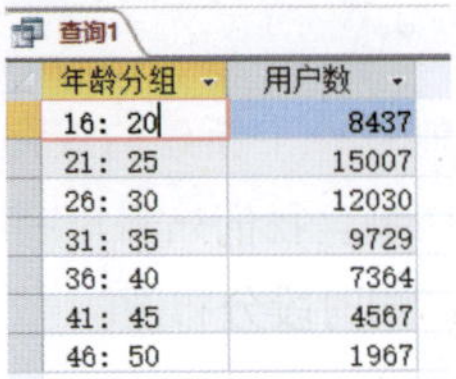

年龄分组	用户数
16: 20	8437
21: 25	15007
26: 30	12030
31: 35	9729
36: 40	7364
41: 45	4567
46: 50	1967

图1-53 年龄分组统计结果示例

Mr.林：这里需要说明的一点是：在Access数据库中进行数据去重处理时，需要使用嵌套查询，把数据去重结果作为子查询。如果本例需要了解的是各省的订单数分布，无须先进行数据去重处理，那么就无须使用嵌套查询，SQL语句如下：

```
SELECT B.省份, Count(A.订单编号) AS 订单数
FROM 订购明细 A, 用户明细 B
WHERE A.用户ID = B.用户ID
GROUP BY B.省份;
```

小白：明白！

交叉表统计

（1）菜单操作法

Mr.林：最后介绍交叉表统计，这个需要借助"简单查询"功能来实现。我们以"用户明细"表为例，统计不同省份、性别的用户分布情况，具体查询操作步骤如下。

STEP 01　单击【创建】选项卡，在【查询】组中单击【查询向导】按钮。

STEP 02　在弹出的【新建查询】对话框中，选择【交叉表查询向导】，单击【确定】按钮。

STEP 03　在弹出的【交叉表查询向导】的第一个对话框中，选择【表】视图，并在列表框中选择"用户明细"表作为查询对象，单击【下一步】按钮，如图1-54所示。

第1章　高效处理千万数据

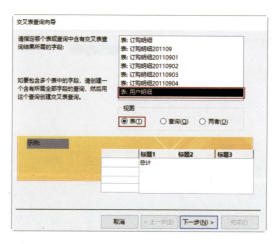

图1-54　【交叉表查询向导】对话框1

STEP 04　在弹出的【交叉表查询向导】的第二个对话框的【可用字段】列表框中，选择"省份"作为行标题，单击【下一步】按钮，如图1-55所示。

图1-55　【交叉表查询向导】对话框2

STEP 05　在弹出的【交叉表查询向导】的第三个对话框【字段】列表框中，选择"性别"作为列标题，单击【下一步】按钮，如图1-56所示。

STEP 06　在弹出的【交叉表查询向导】的第四个对话框【字段】列表框中，选择"用户ID"作为每个行和列的交叉点统计项，并在【函数】列表框中，选择"计数"函数，并保持默认勾选的【是，包括各行小计】项，单击【下一步】按钮，如图1-57所示。

STEP 07　在弹出的【交叉表查询向导】的第五个对话框中，输入该查询的名称，单击【完成】按钮，结果如图1-58所示。

45

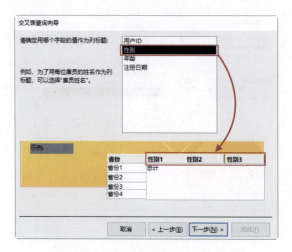

图1-56 【交叉表查询向导】对话框3

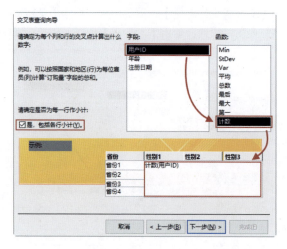

图1-57 【交叉表查询向导】对话框4

省份	总计 用户I	男	女
安徽	1769	902	867
北京	3463	1733	1730
福建	1824	933	891
甘肃	1799	901	898
广东	2612	1332	1280
广西	1781	900	881
贵州	1771	913	858
海南	1799	898	901
河北	1797	894	903
河南	1840	950	890
黑龙江	1750	871	879
湖北	1761	865	896
湖南	1834	900	934
吉林	1796	884	912
江苏	1821	890	931

图1-58 交叉表查询结果

第1章 高效处理千万数据

（2）SQL语句法

小白：Mr.林，单击Access数据库窗口右下方的 SQL 按钮，让我瞧瞧SQL语句是怎样写的。

Mr.林：好的。我们单击Access数据库窗口右下方的 SQL 按钮，其简化的SQL语句如下：

```
TRANSFORM Count(用户ID) AS 用户ID计数
SELECT 省份, Count(用户ID) AS 总计用户ID
FROM 用户明细
GROUP BY 省份
PIVOT 性别;
```

Mr.林：小白，你看出交叉表的SQL语句与我们刚才学的分组统计SQL语句的区别没有？

小白：交叉表的SQL语句在分组统计SQL语句的基础上，前后增加了TRANSFORM与PIVOT语句。

Mr.林：没错，只要在分组统计SQL语句的基础上，前后增加TRANSFORM与PIVOT语句，并且在TRANSFORM后面增加每个行和列的交叉点统计函数及字段，在PIVOT后面增加要作为列标题的分组字段即可。

其运行结果与刚才的菜单操作法结果一样，我就不再重复运行了。小白，用Access数据库进行数据处理与分析的内容就先介绍到这里，现在你能真正体会用SQL语句处理与分析数据的强大与实用了吧！除了掌握基本原理，还要做到结合实际情况，融会贯通。

小白：确实不是一般的强大与实用。

1.2 本章小结

Mr.林：小白，Access数据库学习完了，我们一起来回顾下今天所学的内容。

★ 了解数据库的作用，并熟悉Access数据库，了解其优势与不足。

★ 了解SQL语句在数据处理与分析中的作用，并学习了其基本语法。

★ 学习Access数据库中数据导入、数据合并、数据计算、数据分组、数据重复处理，以及数据分析的菜单操作与SQL语句实现方式。

学了这么多，不要上完课就完事了，希望你课后能多练习，并结合工作实际情况灵活运用，也只有通过实际的操作才能有更深刻的体会。

小白：嗯，今天学到了非常实用的工具，希望在日后能帮助我解决问题。

第2章
玩转数据分析

第2章　玩转数据分析

在Mr.林的悉心指导下，小白对大型数据的处理能力得到大幅提升，Excel、Access数据库都不在话下。

Mr.林：小白，数据处理的下一步是什么？

小白脱口而出：数据分析，它主要有三大作用：现状分析、原因分析与预测分析。

Mr.林：没错！那你通常是用什么分析工具来实现呢？

小白嘟着嘴：您又不是不知道，大多数情况下我是用Excel的数据透视表进行汇总分析的，可是数据量一大，它就跑不动了。幸好有您传授的法宝：Access数据库，可以使用SQL语句进行查询汇总分析。

Mr.林：嗯，实现数据分析三大作用的分析方法归纳起来主要有两大类。

一类是呈现现状的描述性分析，主要通过对比与细分进行现状及原因分析。可以制作数据透视表，通过求和、求均值及数据分组了解其构成，甚至通过不同时间维度的对比，查找数据变化的原因，最后制作相关图表对现状进行呈现及描述。

另一类是展望未来的预测性分析，主要分析现有数据间的相关性，探寻数据之间存在的联系，并进一步通过建立相关回归模型的方式对未来进行合理的预测。

小白：确实如此。

Mr.林：鉴于你对Excel的操作已经轻车熟路了，今天就带你进一步熟悉两款数据分析利器。它们都是基于Excel环境的数据分析工具：一个是侧重于描述性分析的Power Pivot；另一个是侧重于推断统计分析的Excel数据分析工具库。

小白机灵地说：喔！Mr.林，快快传授给我，好让我替您分担分析工作。

Mr.林很受用：你这丫头，小嘴真甜，我们就从Power Pivot开始吧。

2.1　Excel数据分析工具——Power Pivot

2.1.1　Power Pivot是什么

小白：Power Point？PPT？Mr.林，您拼错了吧！

Mr.林：没拼错，就是Power Pivot，简称PP。Power Pivot是微软在Excel 2010开始新增的一个插件工具。在Power Pivot中，Excel的行、列限制已被取消，这样我们能方便地操作更大型的数据，也就是说搞定了Power Pivot，别说是1万多行的数据，就是100万行都是小菜一碟。到时候你就可以大喊，让数据来得更猛烈些吧！

小白怀疑地嘟哝着： 是不是真的啊？

Mr.林： 当然，认识我这么久，我什么时候骗过你呢？

小白想了想： 虽然这可以有，但还真是没有。

◎ 功能

Mr.林接着在白板上画起来： 我们现在就来认识下Power Pivot吧！它的核心杀伤力表现在如图2-1所示的四个方面。

图2-1　Power Pivot四大优势

★ **整合多数据源：** PP可以从几乎任意地方导入任意数据源中的数据，包括Web服务、文本文件、关系数据库等数据源。

★ **处理海量数据：** 可以轻松组织、连接和操作大型数据集中的表，处理大型数据集（通常几百万行）时所体现的性能就像处理几百行一样。

★ **操作界面简洁：** 通过使用固有的Excel功能（例如数据透视表、数据透视图、切片器等），以交互方式浏览、分析和创建报表，只要我们熟悉Excel，就可以使用Power Pivot。

★ **实现信息共享：** Power Pivot for SharePoint可以共享整个团队的工作簿或将其发布到Web。

小白听得一愣一愣的，还没缓过神来： Mr.林，我还有个问题，您之前已经教我如何用Access处理大型数据，现在又加上这个Power Pivot，这两个工具分别在什么时候使用呢？

Mr.林： 嗯，这个问题问得好！擅于提问是数据分析师必备的基本素质之一。我们先来对比一下这三个工具的优势及不足之处，如图2-2所示。

Mr.林： 每个工具都有自己的优势及劣势，通过以上两种工具优势与劣势的对比，我们可以了解采用Power Pivot进行数据处理分析的几种情况，如图2-3所示。

工具	优点	缺点
Access数据库	●数据处理能力较强 ●使用SQL处理数据较为灵活 ●适合SQL初学者学习SQL语句	●数据超千万条时性能会下降 ●使用SQL分析数据不如透视表灵活
Power Pivot	●可处理大型数据集 ●可用数据透视表灵活分析数据	●数据处理灵活性低

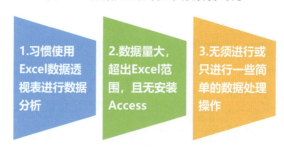

图2-2　数据处理分析工具优劣势对比

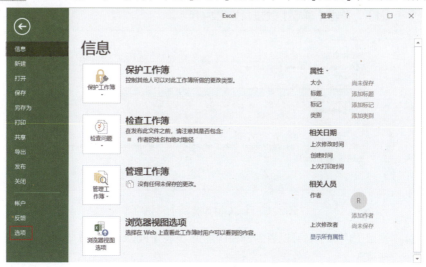

图2-3　Power Pivot适用条件

小白：太强大了！赶紧教教我！

安装

Mr.林：别着急，Excel 2016选项卡中默认不显示Power Pivot分析工具，需要我们将其进行加载。下面介绍在Excel 2016中Power Pivot分析工具的加载方法。

STEP 01　打开任意一个工作簿，单击【文件】选项卡，单击【选项】，如图2-4所示。

图2-4　【文件】选项卡对话框

STEP 02 在弹出的【Excel选项】对话框中，单击【加载项】，在【管理】下拉框中选择【COM加载项】，然后单击【转到】按钮，如图2-5所示。

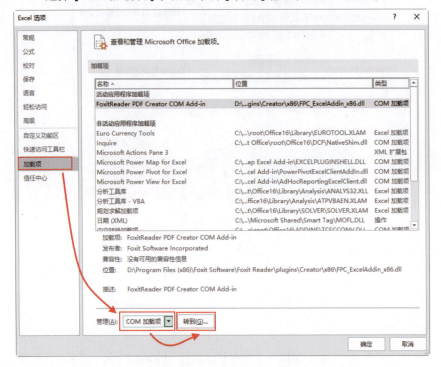

图2-5 【Excel选项】对话框

STEP 03 在弹出的【COM加载项】对话框中，勾选【Microsoft Power Pivot for Excel】，单击【确定】按钮，如图2-6所示。

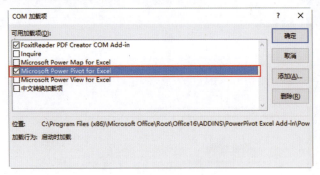

图2-6 【COM加载项】对话框

STEP 04 返回工作簿中，可以看到Excel功能区出现【Power Pivot】选项卡，如图2-7所示。

第2章 玩转数据分析

图2-7　Excel工作簿界面

此时，Power Pivot分析工具已加载完成，Excel 2013~2019版本都可以通过此方法加载Power Pivot分析工具，Excel 2010版本需要下载安装才能使用，下载地址：http://www.microsoft.com/zh-cn/download/details.aspx?id=29074（短链接：http://t.cn/zWt2duL），Excel 2007版及其以下版本无法使用Power Pivot分析工具。

◎ 界面

Mr.林：单击【Power Pivot】选项卡【数据模型】组中的【转到Power Pivot窗口】按钮，进入Power Pivot窗口界面，如图2-8所示。

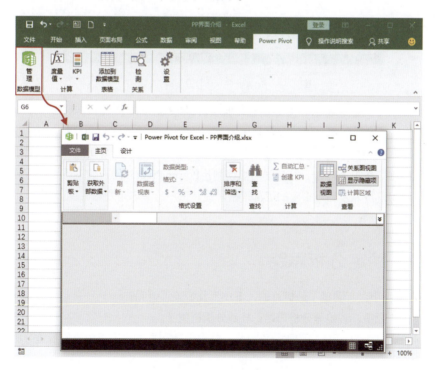

图2-8　Power Pivot窗口界面

小白：我看到了，有【主页】和【设计】两个选项卡。

看着小白认真的样子，Mr.林继续说道：嗯，接下来我给你简要介绍这两个选项卡的功能。

【主页】选项卡主要用于添加新数据、从Excel和其他应用程序中复制和粘贴数据、获取外部数据源、制作报表、应用格式设置,以及排序和筛选数据等,如图2-8所示。

【设计】选项卡主要用于添加或删除列字段、在Power Pivot窗口或数据透视表上显示或隐藏列字段、更改表属性、创建和管理关系,以及修改与现有数据源的连接等,如图2-9所示。

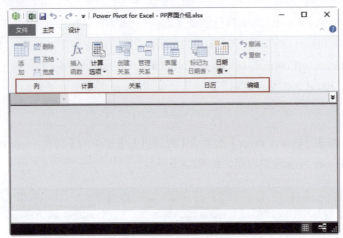

图2-9　Power Pivot【设计】选项卡

小白似懂非懂:Mr.林,可是这些选项怎么都是灰色的,不能操作啊!

Mr.林笑了笑:嗯,是的。那是因为我们还没有创建Power Pivot表。刚才我们了解了Power Pivot的功能、优势及它的界面,接下来我们仍以某公司的"用户明细"、"订购明细"数据为基础,一起学习如何利用Power Pivot对用户购买行为进行分析,以便了解用户行为,制订相应的运营策略,提升用户价值与用户忠诚度。

小白:好啊!

2.1.2　确定分析思路

Mr.林:小白,明确了分析目的,下一步我们该干嘛呢?

小白:记得,该梳理分析思路,搭建分析框架了。

Mr.林:那么对于用户购买行为分析,适合用什么方法论来指导我们搭建分析框架呢?

小白想了想:5W2H分析法。

Mr.林边说边打开思维导图软件:呵呵,没错!你说说具体如何搭建,用思维导图画一下。

小白欣然答应:好嘞!

第2章　玩转数据分析

不一会儿，小白就把用户购买行为分析框架搭好了：Mr.林，用户购买行为分析框架已经搭好了，请过目，如图2-10所示。

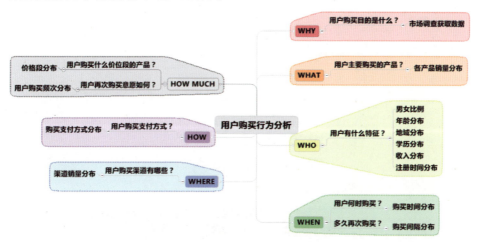

图2-10　用户购买行为分析框架

Mr.林认真看了一遍：你这丫头，做得不赖嘛！看来你已经掌握了5W2H分析法。

小白心里美滋滋的：这还不是Mr.林您教导有方啊。

Mr.林：好了，咱们继续。确定好用户购买行为分析框架后，咱们就结合前面的示例数据——"用户明细"表、"订购明细"表，学习用Power Pivot相关功能模块进行数据分析。

2.1.3　数据分析前的准备

Mr.林：我们常用"磨刀不误砍柴工"来比喻要办成一件事，不一定要立即着手干活，而是先要进行一些筹划和安排，充分做好准备工作，创造出有利条件，这样不但不会浪费时间，反而会大大提高整体的工作效率。这个道理在我们做数据分析时也是适用的。若把"数据分析"比喻成"砍柴"，那么"数据准备"就是"磨刀"。

小白：嗯，导入我们需要分析的数据，是数据分析前必不可少的准备工作。

◎ 文本数据导入

Mr.林：没错，前面说到大型数据一般以TXT文本形式存储，所以我们主要学习如何导入TXT文件。以导入"用户明细.txt"数据为例，在Excel 2016中Power Pivot表的创建方法如下：

STEP 01　在Power Pivot窗口中，单击【主页】选项卡下【获取外部数据】组中的【从文本】按钮，弹出【表导入向导】对话框，如图2-11所示。

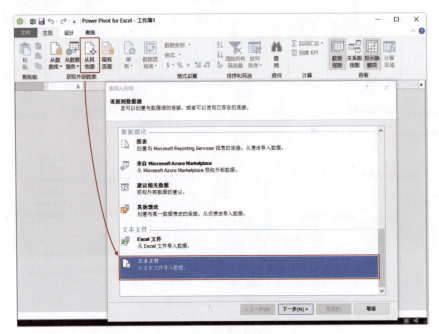

图2-11 文本数据导入1

STEP 02 在【文件路径】栏右侧,单击【浏览】按钮,导航至存放目标文本文件位置,选择"用户明细.txt"。

在【列分隔符】选项中,选择"逗号(,)"作为分隔符,并勾选【使用第一行作为列标题】,如图2-12所示。需要说明的是,分隔符及第一行是否包含列标题,需根据数据本身的实际情况进行选择,本例为"逗号(,)"分隔,并且第一行包含列标题。

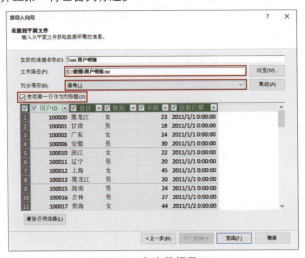

图2-12 文本数据导入2

第2章 玩转数据分析

STEP 03　勾选需要导入的列字段，单击【完成】按钮，如图2-12所示，软件将进行导入操作。

STEP 04　待提示导入成功后，单击【关闭】按钮即完成文本文件导入，得到的数据如图2-13所示。

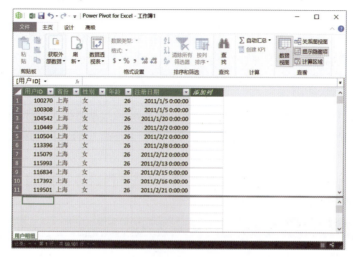

图2-13　"用户明细"数据导入结果

Mr.林：小白，你按我刚才的方式，把"订购明细"这个文本文件也导入进来吧！一会儿我介绍Power Pivot数据分析时需要使用呢。

小白：OK！那我就来体验一下。

过了几分钟，小白按Mr.林传授的方法，三下五除二就把"订购明细"这个文本文件导入到Power Pivot中，如图2-14所示。

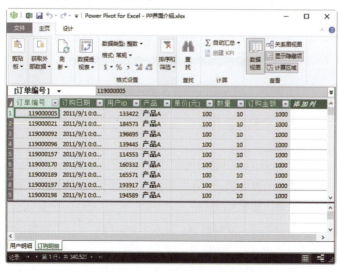

图2-14　"订购明细"数据导入结果

2.1.4 简单数据分析

Mr.林：有了分析框架，就相当于有了分析的思路。接下来就要通过分析工具来实现它。我们知道Power Pivot有一个巨大的优势，就是可以集成多数据源进行数据透视表或数据透视图的操作，来汇总、分析、浏览和呈现摘要数据。

小白：嗯，是的。而且您还说过，它基本遵循固有的 Excel 2016设计风格，对于像我这样的初学者来说，很容易上手。

◎ 创建数据透视表

Mr.林：我们现在就来学习如何建立Power Pivot的数据透视表。针对刚才分析框架中的具体问题来分析，首先了解用户主要购买什么产品（What），即各产品销量分布，操作步骤如下。

STEP 01 在Power Pivot窗口中，单击【主页】选项卡【报表】组中的【数据透视表】按钮，如图2-15所示。

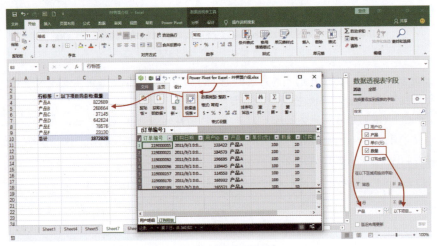

图2-15 产品销量分布统计

STEP 02 选择放置新建的数据透视表的位置，本例选择【新建工作表】，放置位置采用默认设置。

STEP 03 单击【确定】按钮，将弹出如图2-15所示的Power Pivot字段列表。

STEP 04 将"订购明细"表中的"产品"字段拖至【行】，"数量"字段拖至【值】区域进行求和，如图2-15所示。

小白见Mr.林操作完之后，就解释道：通过此表，我们可以了解到各个产品的销售分布情况，发现产品A和产品D的销售数量较大。

Mr.林：没错，是这样的。

第2章　玩转数据分析

2.1.5　多表关联分析

Mr.林继续说道：如果想了解购买用户的特征（Who），例如地域是怎么分布的，哪个地区购买的用户最多，哪个地区购买的用户最少，这时候你该怎么进行数据分析呢？

小白瞪大眼睛看了看：刚才导入的"订购明细"表，它只记录了用户订购的相应信息，但缺乏用户自身的相关背景信息，如果要统计不同地区的购买用户数，在Excel中就需要用Vlookup函数将"用户明细"表中的"省份"字段，根据关键字段"用户ID"进行匹配，再用数据透视表进行分析。

Mr.林：是的。现在我们用的是Power Pivot工具，而它无须使用到类似Vlookup函数进行字段匹配，只需像Access数据库那样建立两表之间的关联关系，即可把两表根据关键字段关联起来。

这时我们就需要将"订购明细"表与"用户明细"表根据关键字段"用户ID"创建关系，如图2-16所示。

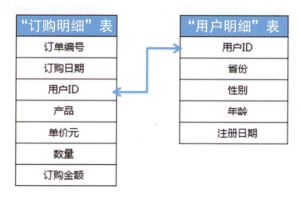

图2-16　"订购明细"表与"用户明细"表关系图

◎ 创建两表关系

STEP 01　在"订购明细"表中，单击"用户ID"列任意一个数据格。

STEP 02　在【设计】选项卡【关系】组中，单击【创建关系】按钮，在弹出的【创建关系】对话框中，左边【表1】默认选择"订购明细"表，在下方【列】框中单击选择"用户ID"，在右边【表2】下拉框选择"用户明细"表，在下方【列】框中单击选择"用户ID"，如图2-17所示。

注意：创建关系时，表2【列】框中作为匹配的关键字段，必须是具有唯一值的列。

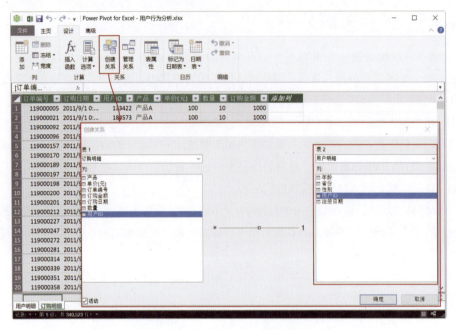

图2-17 【创建关系】对话框

小白：哦，明白了。那我们怎么才能知道这个关系是否创建成功呢？

Mr.林：在关系创建成功后，字段"用户ID"上会显示一个小图标；同时我们可以通过【设计】选项卡中【关系】组的【管理关系】功能来查看现有的关系列表，检查是否已成功创建所有关系，如图2-18所示。

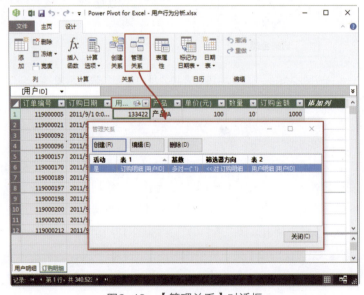

图2-18 【管理关系】对话框

第2章 玩转数据分析

Mr.林边把现有的两表关系删除，边说道：小白，你可以来动手试试重新创建两表之间的关系。

小白：好的。

小白接过鼠标就开始自行练习，并重新创建了"订购明细"表与"用户明细"表的关键字段"用户ID"的关系，而且不住地惊叹，用Power Pivot创建关系步骤简单且效率高。

Mr.林：既然我们已经创建了它们之间的关系，现在就可以回答前面我提出的问题了吧？

小白：是的，具体的操作步骤如下。

STEP 01 创建一个新的数据透视表。

STEP 02 将"用户明细"表中的"省份"字段拉到【行标签】；将"订购明细"表中的"用户ID"字段拉到【值】区域进行计数。

STEP 03 对数据透视表中的"用户ID"字段进行降序排列，如图2-19所示。

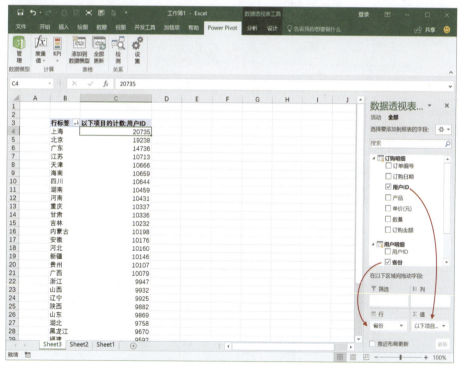

图2-19 统计购买用户的地域分布

小白：通过数据透视表得到的分析结果，我们就可以清晰地了解购买用户地域分布情况，购买用户最多的三个省份是"上海"、"北京"和"广东"。后续可在此基础上，结合各省目标用户数分布，进行覆盖率的分析，还可以采用矩阵关联分析法，找出目标用户数多但覆盖率低的省份，对此制订出下一步的运营计划。

Mr.林：小白，不错嘛！矩阵关联分析用得一溜一溜的。

小白谦虚地说：哪里，哪里，师傅过奖了。

2.1.6 字段计算分析

◉ 简单计算

Mr.林：小白，接下来我们学习在Power Pivot中进行字段的数据计算。

小白抢先答道：嗯嗯，还是两种方式，"简单计算"与"函数计算"，对吧？

Mr.林：没错。现在咱们先学习简单计算。其实和Excel非常相似，以你的Excel水平，一点即通。比如计算"订单金额=单价×数量"，操作步骤如下。

STEP 01 在Power Pivot窗口中选择"订购明细"表。

STEP 02 在【设计】选项卡【列】组中单击【添加】按钮；或直接单击"订购明细"表最后一列【添加列】。

STEP 03 输入"="，单击"数量"列的任意单元格或整列，再输入"*"，单击"订购金额"列的任意单元格或整列。整个公式为："='订购明细'[数量]*'订购明细'[单价元]"。

这里要说明一下，对于Power Pivot表中的计算公式，单击选择某列或某个单元格，默认形式为"'表'[列]"，如本例"'订购明细'[数量]"表示"订购明细"表的"数量"列。

STEP 04 按【Enter】键，此时系统将计算结果默认生成一列，列名为CalculatedColumn1，如图2-20所示。

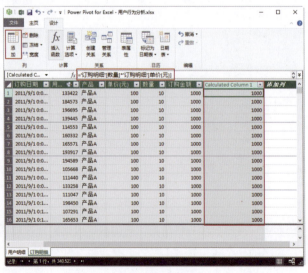

图2-20 简单计算示例

第2章 玩转数据分析

当然，Power Pivot的公式是非常类似于在Excel中创建的公式，但与Excel中有所不同的是，你不能为表中的不同行创建不同的公式，Power Pivot的公式自己应用于整个列，实际上与Excel中表的操作模式类似。

STEP 05 用鼠标右击"CalculatedColumn1"并选择【重命名列】以修改列名，输入"订单金额"，然后按【Enter】键完成字段重命名。

Mr.林： 小白，怎么查看"订单金额"与原表的"订购金额"数据是否一致呢？

小白： Mr.林，您怎么突然问我这么简单的问题呢？两列相减不就出来了？

Mr.林微笑道： 对，我是想让你练习巩固一下。

小白按照刚刚Mr.林介绍的简单计算操作步骤，进行两列相减的"差异"字段计算，然后用筛选器查询，立即可看出是否有差异，只要为0，则表示无差异，如果有非零的值，那么就有差异，如图2-21所示。

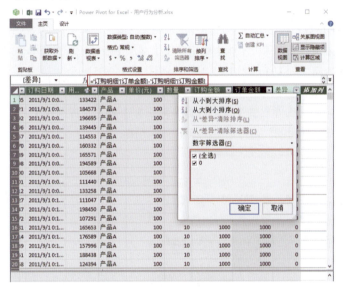

图2-21 简单计算核对示例

Mr.林： 没错，我们现在来总结一下简单计算的一些常用情景，如图2-22所示。

公 式	说 明
=C	将一个常数（C）插入列中的每一行
=[Column1] ± C	将 [Column1] 每一行的值同时加（减）一个常数（C）
=[Column1] ×(÷) C	将 [Column1] 每一行的值同时乘（除）一个常数（C）
=[Column1] ± [Column2]	将 [Column1] 和 [Column2] 的同一行中的值相加（减）
=[Column1] ×(÷) [Column2]	将 [Column1] 和 [Column2] 的同一行中的值相乘（除）

图2-22 Power Pivot计算列常用的基础公式

63

小白： 嗯，都比较常用，并且容易掌握。

◎ 函数计算

Mr.林： 好，我们就进入下一环节的学习——函数计算。

例如，现在我们需要了解现有用户是在哪个月注册（Who）的，以了解现有用户的构成情况，为后续用户细分做准备。数据库中现有的"用户明细"表只有用户注册日期，我们需要通过相应的日期函数计算得到用户注册的月份数。

小白： 我记得Excel用MONTH函数能搞定，Power Pivot是否也支持呢？

Mr.林： 在Excel中MONTH语法为：MONTH(serial_number)，其中serial_number是要查找的那个月的日期；在Power Pivot中MONTH语法为：MONTH(<date>)，其中date是提供对包含日期的列的引用或者通过使用返回日期的表达式。

小白认真地看着Mr.林操作起来。

STEP 01 在Power Pivot窗口中，选择"用户明细"表。

STEP 02 在【设计】选项卡【列】组中单击【添加】按钮；或直接单击"用户明细"表最后一列【添加列】。

STEP 03 直接单击函数按钮 *fx*，如图2-23所示。由于MONTH函数是日期和时间函数，因此在弹出的【插入函数】对话框上的【选择类别】下拉列表中选择"日期和时间"，可进一步缩小选择范围。

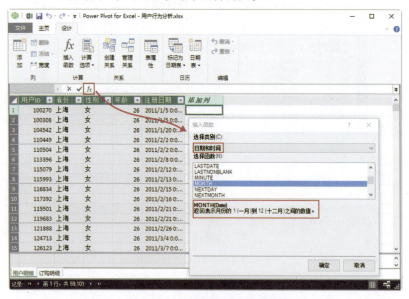

图2-23 【插入函数】对话框

与Excel类似，对于熟悉的函数，我们也可直接输入等号，利用Power Pivot公式栏和记忆式输入功能输入函数名称，如图2-24所示。

第2章 玩转数据分析

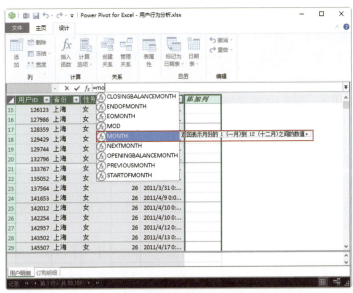

图2-24 直接插入函数

STEP 04 选择MONTH函数，单击【确定】按钮。或直接输入函数名，公式栏将更新以显示该函数和左括号，如"=MONTH("，并且光标将自动定位在你将输入下一个参数的位置。

STEP 05 单击"注册日期"这一列中的任意单元格或这一整列，即公式为"=MONTH('用户明细'[注册日期])"。这里需要注意：它不像Excel函数那样会自动添加右括号，需要我们自行输入。

STEP 06 最终公式为"=MONTH('用户明细'[注册日期])"，按【Enter】键以确认，这时整列将应用该函数，并为每一行填充计算结果，如图2-25所示。

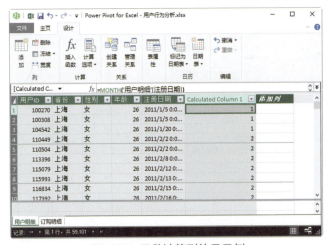

图2-25 函数计算列效果示例

65

Mr.林喝了口水： 接下来咱们重命名这一列就大功告成了。选择CalculatedColumn1整列，单击鼠标右键，选择【重命名列】，输入名称"注册月份"。

小白有点不服气： 可是这个也体现不出Power Pivot的优势吧，Excel也可以完成类似的操作喔！

Mr.林笑了笑： 要是100多万行的数据呢？Excel就弄不转了吧！而Power Pivot还是能够如此快速地实现！

小白惊叹道： 真是太强大了！

Mr.林： 嗯，言归正传！解决我们刚刚提出的Who问题，即用户月份注册分布情况。

STEP 01 在Power Pivot窗口中，选择"用户明细"表，在【主页】选项卡中单击【数据透视表】。

STEP 02 将"用户明细"表中的"注册月份"字段拖至【行】，将"用户ID"拖至【值】区域。

STEP 03 鼠标右击【值】区域的"用户ID"字段，选择【值字段设置】。

STEP 04 在弹出的【值字段设置】对话框中，计算类型选择【计数】。

STEP 05 将【自定义名称】更改为"用户数"，单击【确定】按钮，即完成用户月份注册分布统计，如图2-26所示。

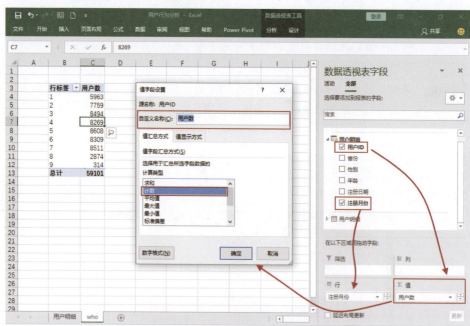

图2-26　用户月份注册分布统计

第2章　玩转数据分析

小白分析道：通过此表我们就可以清晰地看到每月注册的用户分布，其中8月份和9月份的用户注册数明显下降，值得关注。

Mr.林：不错嘛！

2.1.7　数据分组分析

Mr.林：通过数据计算的方法能了解用户注册月份分布，如果想了解用户年龄分布，要怎么做呢？

小白：这个我知道，首先需要对数据进行分组处理，新增一个分组字段，然后再用数据透视表进行分组分析。

Mr.林：没错，常用的数据分组方式主要包括数值分组与日期/时间分组两种。

◉ **数值分组**

小白：嗯，在Excel中，数值分组可以用IF函数或VLOOKUP函数；日期/时间分组可以用日期/时间函数。此外，还可以通过直接在数据透视表使用【组合】的方式来实现。Mr.林，我说的没错吧？

Mr.林笑了笑：你这小丫头，头脑转得挺快嘛。不过在Power Pivot工作表中的数值分组不能通过数据透视表使用【组合】的方式来实现，如图2-27所示。

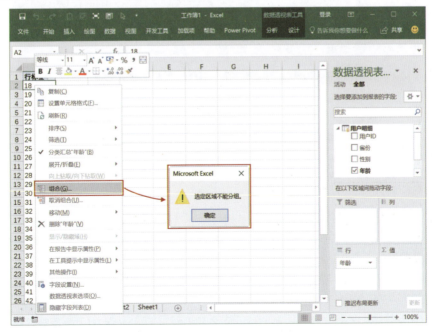

图2-27　Power Pivot数据透视表选项示例

本例中我们只能采用IF函数，同样是采用"添加列"的方式添加分组字段。IF函数公式如下：

=IF('用户明细'[年龄]<=20,"20岁及其以下",IF('用户明细'[年龄]<=30,"21-30岁",IF('用户明细'[年龄]<=40,"31-40岁","40岁以上")))

对年龄分组后，采用数据透视表进行用户年龄分布的分组分析，操作如图2-28所示。

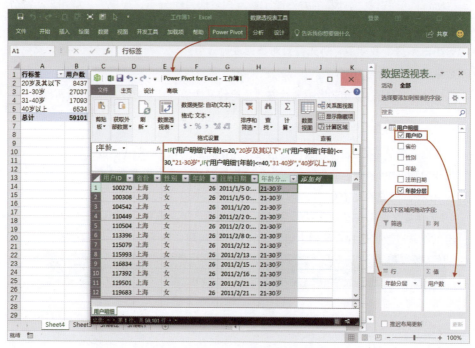

图2-28　IF函数数据分组示例

小白又分析道：通过此结果我们就可以清晰地看到注册用户主要集中在21～30岁这一年龄段上。

◎ 日期/时间分组

Mr.林：学习了数值分组后，我们再看如何进行日期/时间分组。在进行时间维度的分析时经常用到这个方法。同样，Power Pivot的数据透视表无法进行日期/时间分组，但是我们还是有办法解决。

小白：我们可以用前面讲过的函数计算法，利用年、季、月、日等时间函数提取出年、季、月、日进行分析。

Mr.林：嗯，不错，这是一种方法。刚才我们学习了用MONTH函数进行月份数据转换，现在采用另一种方式进行日期/时间分组。

第2章 玩转数据分析

考一下你，前面在学习Access数据库日期分组时，咱们学过用哪个函数进行日期分组呢？

小白快速答道：FORMAT函数，它可对文本、数值、日期/时间等类型数据按指定格式要求进行格式化。

Mr.林：很好！这个函数在Power Pivot中也能用。我们可以采用FORMAT函数对日期进行分组，以便了解用户的注册月份分布（Who）。

本例中我们采用FORMAT函数，同样是通过"添加列"的方式添加分组字段。FORMAT函数公式如下：

=FORMAT('用户明细'[注册日期],"D")

对注册日期进行分组后，这里采用数据透视表进行用户注册日分布的分组分析，如图2-29所示。

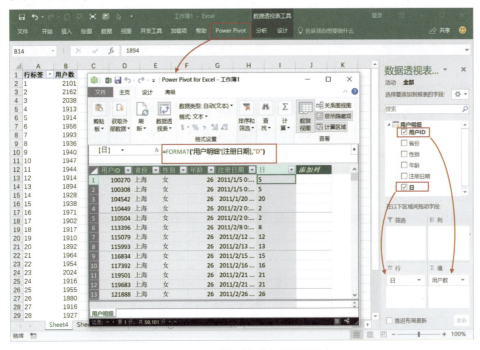

图2-29 日期/时间分组结果示例

小白接着分析道：通过此分析结果，我们可以看出在每月的1日至4日为用户注册高峰期，可以建议运营部门在每月的这些日期进行产品推广或促销活动等。

Mr.林：通过前面的学习，我们对Power Pivot这个分析工具有了初步的认识，尤其体现在它强大的大型数据处理分析能力，同时它独特的多数据源关联功能，为数据分析提供了更高的灵活性。当然它在数据处理能力上不及Access数据库，所以我们要根据自己的数据分析实际需求选择适合的工具。

小白：嗯！真心喜欢这个工具。

2.2 Excel数据分析工具库

Mr.林：数据统计分析一般采用专业的统计软件来完成，如SPSS、R等，这对于非科班出身的人来说相对困难。其实，我们可以用Excel自带的简单易用的分析工具库来完成我们的分析任务。

2.2.1 分析工具库简介

小白一听到有新的分析工具就来精神了：好啊！它有什么作用？与SPSS、R等专业统计软件相比，它有什么优势与劣势呢？

◎ 分析工具库的作用

Mr.林耐心地说道：通常大家在用Excel进行数据统计分析，尤其是统计预测类分析时，会使用到一些函数，简单的函数如SUM（求和），稍复杂的函数如STDEV（标准偏差），再复杂一些的函数如CORREL（相关系数）、LINEST（线性回归）等，这些统计函数不仅多，而且需要设置的参数也比较复杂，如果不熟悉统计理论，很可能会被它们搞得晕头转向。

为了方便我们进行数据统计分析，Excel提供了一个数据分析加载工具——"分析工具库"，它操作简单，在进行复杂数据统计分析时可节省步骤。只需为每一个分析工具提供必要的数据和参数，该工具就会使用适当的统计函数，在输出表格中显示相应的结果。其中有些工具在生成输出表格时还能同时生成图表。

Excel分析工具库可以完成的数据统计分析包括：描述统计、直方图、相关系数、移动平均、指数平滑、回归等19种统计分析方法，后面我会介绍Excel分析工具库中常用的统计分析。

小白兴奋地说：太好了，之前我就被这些统计函数绕晕了，花了很多时间处理、分析数据，现在就不用愁啦！

◎ 优势与劣势

Mr.林：使用一种数据分析工具之前，我们需要了解它的优势与劣势，以便更好地发挥出它的最大价值。与主流的专业统计分析软件SPSS、R等相比，Excel分析工具库的优点在于：

★ 与Excel无缝结合，操作简单、容易上手。

★ 聚合多种统计函数，其中部分工具在生成输出结果表格时，还能生成相应图

第2章 玩转数据分析

表，有助于对统计结果的理解。

★ 使用这个现成的数据分析工具，不仅可以提高分析效率，还能大幅降低出错的概率。

Excel分析工具库的出现，解决了大家的后顾之忧，当然它也有不足之处，即数据处理量有限，并且只能处理简单的统计分析，如果是大型数据或复杂的统计分析，还是需要使用专业的统计分析软件。

小白：嗯，明白了，每种分析工具都有它们的优势与劣势，应该根据实际需要选用适合的工具。

◎ 安装分析工具库

Mr.林：同Power Pivot一样，这个分析工具库也需要我们自行加载安装。现在我们就来一起安装这个分析工具库。

STEP 01 单击【文件】选项卡，选择【选项】。

STEP 02 在弹出的【Excel选项】对话框中，单击【加载项】，在【管理】下拉框中，选择【Excel加载项】，单击【转到】按钮，如图2-30所示。

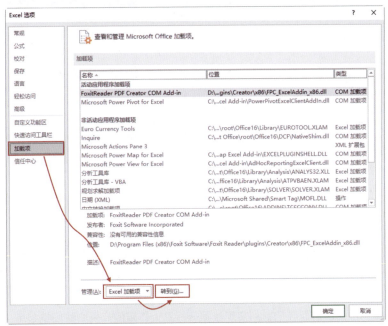

图2-30 【Excel选项】对话框

STEP 03 在弹出的【加载宏】对话框中，勾选【分析工具库】复选框，若要包含分析工具库的VBA函数，则同时勾选【分析工具库-VBA】，单击【确定】按钮，即可完成加载安装，如图2-31所示。

图2-31 【加载项】对话框

Mr.林：安装成功后，在【数据】选项卡【分析】组中，即可看到【数据分析】按钮，单击此按钮，即可弹出【数据分析】对话框，它提供各种统计分析方法，如图2-32所示。

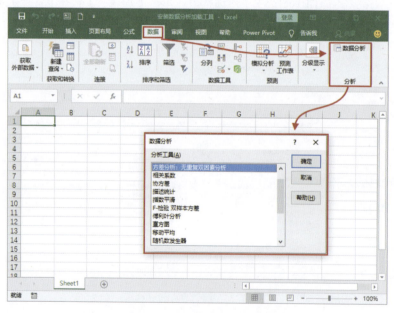

图2-32 【数据分析】对话框

Mr.林：小白，前面我们提到实现数据分析三大作用的分析方法归纳起来主要有两大类：一类是描述性统计分析，另一类是推断性预测分析。这里先来了解一下，这个Excel分析工具库中各种统计分析方法分别对应于哪一类统计分析方法。

说着，Mr.林在记事本上画了起来，Excel数据分析工具库各种统计分析方法归纳如图2-33所示。

第2章 玩转数据分析

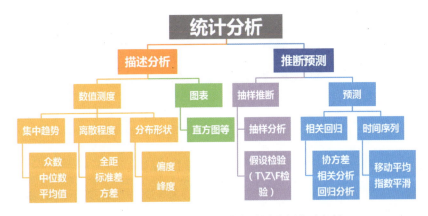

图2-33 Excel分析工具库中各统计分析方法归纳

小白恍然大悟：Mr.林，经您这么一梳理，各种统计分析方法之间的逻辑关系一下就清晰了。我就像一个困惑的小和尚，经过您这样的得道高僧一指点，顿时领悟开窍。

Mr.林笑道：哈哈！你这个比喻也太夸张了。接下来就着重讲解Excel分析工具库中常用的几个统计分析方法。

小白：好的。

2.2.2 描述性统计分析

Mr.林：小白，现在我们一起学习通过Excel分析工具库进行描述性统计分析。

描述性统计分析是统计分析的第一步，只有先做好这一步，才能进行正确的统计推断分析。描述统计分析的常用指标主要有平均数、中位数、众数、标准差、方差等，提供分析对象数据的集中程度和离散程度等信息。

我们以某公司"用户消费数据"为例，利用用户消费金额这个变量来描述用户消费行为特征，分析了解用户消费分布。

小白快速反应道：可以通过相关统计函数如：求和、平均值、最大（小）值、中位数、众数等来描述它的数据特点。

Mr.林：没错，我们现在不用Excel的统计函数来处理，而是用Excel分析工具库——"描述统计"分析工具进行分析，一步即可实现这些描述性统计函数的相关功能，操作简单，并且不容易出错。

我们现在就来看看如何用"描述统计"分析工具来进行分析。

STEP 01　单击【数据】选项卡【分析】组中的【数据分析】按钮。

STEP 02　在弹出的【数据分析】对话框中，选择【描述统计】，单击【确定】按钮，如图2-34所示。

73

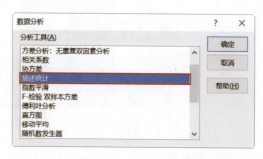

图2-34 【数据分析】对话框

STEP 03　在弹出的【描述统计】对话框中，对各类参数分别进行如下设置，如图2-35所示。

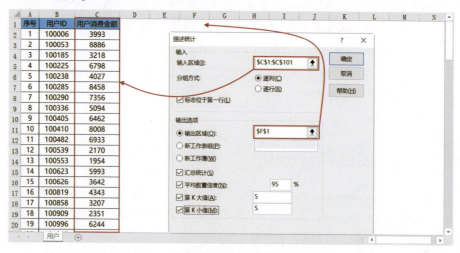

图2-35 【描述统计】参数设置对话框

输入

① 输入区域：输入需要分析的数据源区域，如本例中数据源区域为C1:C101（注：对话框参数会自动设置为单元格绝对引用，为便于阅读，后面在讲解操作步骤时均不带有绝对引用符号"$"）。

② 分组方式：选择分组方式，如果需要指出【输入区域】中的数据是按行还是按列排列，则选择【逐行】或【逐列】，如本例要选择【逐列】。

③ 标志位于第一行：若数据源区域第一行含有标志（字段名、变量名），则应勾选，否则，Excel字段将以"列1、列2、列3……"作为列标志，本例勾选【标志位于第一行】。

输出选项

① 输出区域：可选当前工作表的某个活动单元格、新工作表组或新工作簿，本

第2章　玩转数据分析

例将结果输出至当前工作表的F1单元格。

② 汇总统计：包含平均值、标准误差、中位数、众数、标准差、方差、峰度、偏度、区域、最小值、最大值、求和、观测数等相关指标，本例勾选【汇总统计】复选框。

③ 平均数置信度：置信度也称为可靠度，或置信水平、置信系数，是指总体参数值落在样本统计值某一区内的概率，常用的置信度为95%或90%，本例勾选此复选框，并输入"95%"。

④ 第K大（小）值：表示输入数据组的第几位最大（小）值。本例勾选此复选框，并输入"5"。

STEP 04　单击【确定】按钮，输出结果如图2-36所示。

序号	用户ID	用户消费金额		用户消费金额	
1	100006	3993		平均	5098
2	100053	8886		标准误差	215
3	100185	3218		中位数	5005
4	100225	6798		众数	6214
5	100238	4027		标准差	2149
6	100285	8458		方差	4619429
7	100290	7356		峰度	-1
8	100336	5094		偏度	0
9	100405	6462		区域	7842
10	100410	8008		最小值	1044
11	100482	6933		最大值	8886
12	100539	2170		求和	509796
13	100553	1954		观测数	100
14	100623	5993		最大(5)	8458
15	100626	3642		最小(5)	1423
16	100819	4343		置信度(95.0%)	426
17	100858	3207			
18	100909	2351			
19	100996	6244			

图2-36　描述统计结果示例

Mr.林问：通过以上的描述性统计分析，你可以得出哪些结论呢？

小白认真看了下结果：通过以上分析，我们可以得知用户的消费能力，例如这些用户平均消费金额为5098元，用户的最高消费金额达到8886元，最低消费金额仅为1044元。

Mr.林进行补充：没错，接下来我们可以对用户消费能力进行如下详细解析。

① 表现数据集中趋势的指标有：平均值、中位数、众数。平均值是N个数相加除以N所得到的结果；中位数是一组数据按大小排序，排在中间位置的数值；众数是该组数据中出现次数最多的那个数值。

② 描述数据离散程度的指标有：方差与标准差，它们反映的是与平均值之间的离散程度。

③ 呈现数据分布形状的指标有：峰度系数与偏度系数。

峰度系数是描述对称分布曲线峰顶尖峭程度的指标，是相对于正态分布而言的。峰度系数>0，两侧极端数据较少，比正态分布更高更瘦，呈尖峭峰分布；峰度系数<0，表示两侧极端数据较多，比正态分布更矮更胖，呈平阔峰分布。如图2-37所示，尖峭峰分布、正态分布、平阔峰分布很清晰地区分出来。

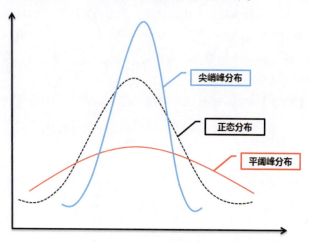

图2-37 峰度分布示意图

偏度系数是以正态分布为标准来描述数据对称性的指标。偏度系数=0，就是分布对称；如果频数分布的高峰向左偏移（偏度系数>0），长尾向右侧延伸称为正偏态分布；同样的，如果频数分布的高峰向右偏移（偏度系数<0），长尾向左延伸则称为负偏态分布。偏度系数大于1或小于-1，被称为高度偏态分布；偏度系数在0.5～1或-0.5～-1范围内，被认为是中等偏态分布；偏度系数越接近0，偏斜程度就越低。如图2-38所示，正偏态分布、正态分布、负偏态分布很清晰地区分出来。

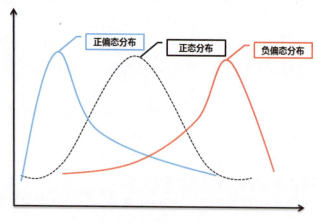

图2-38 偏度分布示意图

第2章 玩转数据分析

本例中，峰度系数<0且偏度系数<0，所以这些用户消费数据呈现为平阔峰负偏态分布。

小白激动不已：多谢Mr.林的详细介绍，让我更深刻地了解描述统计量之间的关系。

2.2.3 直方图

Mr.林：小白，接下来我们学习Excel分析工具库中的另外一个描述性分析工具——"直方图"。

直方图是用于展示分组数据分布的一种图形，用矩形的宽度和高度来表示频数分布，在直角坐标系中，用横轴表示数据分组，纵轴表示频数或频率，各组数据与相应的频数就形成了一个矩形，即直方图。通过直方图，我们可以直观地看出数据分布的形状、数据分布的中心位置及数据分散的程度，由此判断数据是否符合正态分布。

我们仍以某公司"用户消费数据"为例，来了解用户消费金额分布情况。

STEP 01 定义组距，即以一组升序排列的临界点数据集合，Excel将统计在相邻临界点之间的数据频数，也就是个数。我们也可不设置组距，Excel将自动以数据的最大值及最小值之间的范围进行等距分组，本例在当前工作表的E1:E6单元格区域创建组距，如图2-39所示。

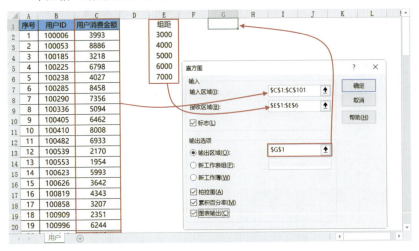

图2-39 【直方图】对话框参数设置

STEP 02 单击【数据】选项卡【分析】组中的【数据分析】按钮，在弹出的【数据分析】对话框中，选择【直方图】，单击【确定】按钮。

STEP 03 在弹出的【直方图】对话框中，各类参数分别进行如下设置，如图2-39所示。

77

输入

① 输入区域：本例数据源区域为C1:C101。
② 接收区域（可选）：输入组距数据的区域，如本例组距数据区域为E1:E6。
③ 标志：本例勾选【标志】。

输出选项

① 输出区域：可选择当前工作表的某个活动单元格、新工作表组或新工作簿，本例将结果输出至当前工作表的G1单元格。
② 柏拉图：若勾选【柏拉图】，则可以在输出表中同时显示按降序排列的频率数据；若未勾选，则Excel将只输出按默认组距排列的频率数据（注：柏拉图需在勾选【图表输出】时才绘制出来）。
③ 累积百分率：若勾选【累积百分率】，则可以在输出表中添加一列累积百分比数值，并同时在直方图表中添加绘制累积百分比的折线。
④ 图表输出：即绘制"直方图"，本例勾选【图表输出】。

STEP 04 单击【确定】按钮，并美化输出结果，在此分别对三种不同输出选项进行勾选组合，以便比较理解【柏拉图】、【累积百分率】选项的作用，如图2-40所示。

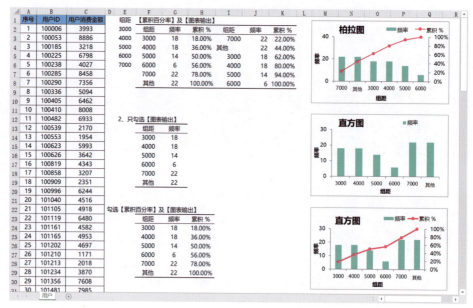

图2-40 直方图结果示例

小白好像发现了什么：咦，这不是之前您教我的"二八法则"的图，也就是帕累托图吗？

第2章 玩转数据分析

Mr.林笑了笑：是的，在Excel分析工具库中采用柏拉图这个名称。现在用Excel分析工具库中的直方图工具，可以便捷地进行数值分组及绘制柏拉图。

小白赶忙拍手：这个功能真强大，数据分组、图表展现一步到位。

小白看了看图表，发现勾选【柏拉图】及【直方图】与只勾选【直方图】，其图表展现形式是不一样的。

小白问：柏拉图与直方图有什么区别呢？

Mr.林回答：不错，小白，你很细心。柏拉图（图表1）与直方图（图表2和图表3）的区别就是在于横坐标是否排序。

- ★ 柏拉图是根据各组频数大小进行降序排列并绘制的图表，另外，柏拉图一般采用分类数据进行统计，例如容易出问题的前三大原因。这里对连续数据进行分组统计，是一种特殊的分类。
- ★ 直方图则是默认按照各组组距从小到大的排序方式进行绘制，顺序是固定的，不能对其进行修改。

小白点点头，又问：这里显示的"频率"其实是"频数"吗？另外"其他"是否是指大于所设定的组距上限"7000"的频数呢？

Mr.林：嗯，没错，这是Excel的一个不完善之处，但不影响使用，我们知道就可以了。其实还有一处，就是直方图与柏拉图中各柱子之间其实应该是紧密相连的，而这里绘制的直方图与柏拉图之间有空隙，需要我们自己手工进行调整。

另外，Excel分析工具库的"直方图"功能只能处理简单的计数分组，如果与其他分组进行交叉汇总求和等计算，还是需要用Excel透视表"组合"或VLOOKUP等其他分组方式进行数据处理及分析。

小白：明白，不过通过直方图分析，我们可以很直观地得到目前用户的消费分布情况。

2.2.4 抽样分析

Mr.林：在做数据分析的时候，尤其现在我们正处于大数据时代，通常会遇到分析的总体数据源过于庞大，这样会大大降低系统分析运行效率，因此，一般会抽取一部分有代表性的样本数据进行分析，并根据这一部分样本去估计与推断总体情况。这时候我们该如何处理呢？

小白：我知道。可以采取抽样分析方法，例如市场调查公司通过抽样调查分析以了解研究对象的总体情况。

Mr.林：没错，抽样分析方法是利用已知的有效样本去估计未知的庞大总体。这是抽样分析的本质，当然抽样也可以应用在抽奖方面，下面我们就以抽奖方面的案例介绍抽样操作。

公司市场部为刺激客户消费，提升产品销量，经常会策划一些市场优惠活动。其中需要我们随机或有规律地抽取一些在活动中进行交易的客户作为幸运客户，以发放相应的奖品，这时该如何处理呢？

小白挠了挠头后回答：我通常采用RAND函数解决，随机抽取一些客户。Mr.林，您是要教我用分析工具库的抽样工具进行抽奖吧？

Mr.林笑道：你这丫头，一点就通。用RAND函数是可以解决随机抽取客户的问题，但无法解决有规律抽取客户的问题。

现在给你介绍Excel数据分析工具库——"抽样"分析工具，既可以实现随机抽取数据，也可以实现周期性间隔抽取数据。现在我们仍然以某公司"用户消费数据"为例来学习这两种数据抽样方法，抽取10名幸运客户。

STEP 01 单击【数据】选项卡【分析】组中的【数据分析】按钮，在弹出的【数据分析】对话框中，选择【抽样】，单击【确定】按钮。

STEP 02 在弹出的【抽样】对话框中，对各类参数分别进行如下设置，如图2-41所示。

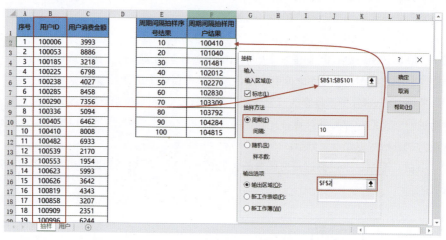

图2-41　间隔抽样示例

输入

① 输入区域：本例数据源区域为B1:B101。

② 标志：本例勾选【标志】。

抽样方法

① 周期间隔抽样：若选择间隔抽样，则需要输入周期间隔，如图2-41所示，本例周期间隔为10。

② 随机抽样：直接输入样本数，系统自行随机抽样，不用受间隔的规律限制，如图2-42所示，本例样本数为10。

第2章 玩转数据分析

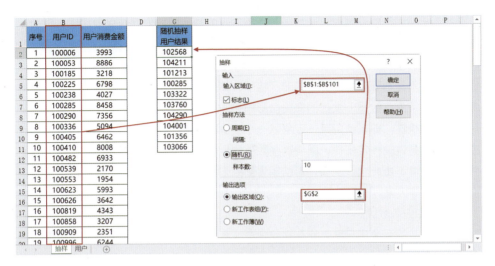

图2-42 随机抽样示例

输出选项

输出区域：可选择当前工作表的某个活动单元格、新工作表组或新工作簿。本例"周期"抽样结果输出到当前工作表F2单元格，如图2-41所示。本例"随机"抽样结果输出到当前工作表G2单元格，如图2-42所示。

STEP 03 单击【确定】按钮，输出相应的抽样结果。

小白：周期间隔抽取，我算明白了。如本例间隔为10，总样本个数为100，则咱们可以抽取个数为100/10的最大整数10个，依次抽取10、20、30……直到100。

Mr.林：嗯，你理解得不错，随机抽样同样可以快速抽取我们想要的客户数。

需要注意的是，Excel分析工具库中的随机抽样采用有放回的方式进行随机抽样，即任何数值都有可能被多次抽取。针对此问题，我们可以多尝试几次随机抽取，直到达到预定的样本量且不存在重复项。

小白：明白了，谢谢Mr.林。

2.2.5 相关分析

Mr.林：小白，咱们做数据分析，不仅要描述数据本身呈现出来的基本特征，有时候还要进一步挖掘变量之间深层次的关系，为后期模型的建立及预测做准备。

小白：是的。牛董曾经让我分析公司销售业绩增长是否和广告活动推广有某种关系，我不知该如何下手！

Mr.林：不要急，我们先来了解一下相关的基本概念。

哲学告诉我们，世界是一个普遍联系的有机整体，现象之间客观上存在着某种有机联系，一种现象的发展变化必然受与之相联系的其他现象发展变化的制约与影响。在统计学中，这种依存关系可以分成相关关系和回归函数关系两大类。

（1）相关关系

相关关系是指现象之间存在的非严格的、不确定的依存关系。这种依存关系的特点是：某一现象在数量上发生的变化会影响另一现象数量上的变化，而且这种变化具有一定的随机性，即当给定某一现象以一个数值时，另一现象会有若干个数值与之对应，并且总是遵循一定规律，围绕这些数值的平均数上下波动，其原因是影响现象发生变化的因素不止一个。例如，影响销售额的因素除了推广费用外，还有产品质量、价格、渠道等因素。

（2）回归函数关系

回归函数关系是指现象之间存在的依存关系中，对于某一变量的每一个数值，都有另一变量值与之相对应，并且这种依存关系可用一个数学表达式反映出来，例如，在一定的条件下，身高与体重存在的依存关系。

小白兴奋地说：这么说来，牛董提的问题应该属于第一种关系，也就是相关关系。

Mr.林：非常正确，加10分。用于相关关系的分析方法，简称相关分析。

相关分析是研究两个或两个以上随机变量之间相互依存关系的方向和密切程度的方法，直线相关用相关系数表示，曲线相关用相关指数表示，多重相关用复相关系数表示，其中我们常用的是直线相关，所以主要研究相关系数。

相关系数就是反映变量之间线性相关强度的一个度量指标，通常用 r 表示，它的取值范围为[-1,1]。r 的正、负号可以反映相关的方向，当 $r>0$ 时表示线性正相关，当 $r<0$ 时表示线性负相关；r 的大小可以反映相关的程度，$r=0$ 表示两个变量之间不存在线性关系。通常相关系数的取值与相关程度，如图2-43所示。

相关系数|r|取值范围	相关程度
0≤|r|＜0.3	低度相关
0.3≤|r|＜0.8	中度相关
0.8≤|r|≤1	高度相关

图2-43 相关系数与相关程度对应表

小白：除了使用CORREL函数计算相关系数外，在Excel中还有其他简便的方法吗？

Mr.林看着小白迫不及待的样子，就直接进入主题：这个就需要用Excel分析工具库——"相关系数"分析工具来实现。

接下来我们就以"企业季度数据"为例，来分析"销售额"、"推广费用"及

第2章 玩转数据分析

"其他费用"这三个变量间的相关关系。

STEP 01 单击【数据】选项卡【分析】组中的【数据分析】按钮,在弹出的【数据分析】对话框中,选择【相关系数】,单击【确定】按钮。

STEP 02 在弹出的【相关系数】对话框中,对各类参数分别进行如下设置,如图2-44所示。

输入

① 输入区域:本例数据源区域为B2:C48。
② 分组方式:本例选择【逐列】。
③ 标志位于第一行:本例勾选这个复选框。

输出选项

输出区域:本例将结果输出到当前工作表的F1单元格。

STEP 03 单击【确定】按钮,结果如图2-44所示。

图2-44 相关系数结果(示例1)

小白按捺不住心中的喜悦: Mr.林,太棒了!原先用CORREL函数,都快把我自己绕晕了,还是没搞明白。这个方法超赞,它可以直接量化"销售额"与"推广费用"之间的相关关系。

Mr.林: 从图2-44我们可以看到,在输出区域生成了一个2×2的矩阵,数据项目的行列交叉处就是其相关系数。显然,变量自身是完全相关的,因此其相关系数在对角线上显示为1;两组数据的相关系数在矩阵上有两个位置,它们是相同的,左下侧相应位置是"销售额"与"推广费用"之间的相关系数,故右上侧不再显示重复的相关系数。

根据刚才提到的相关系数的解释并对照图2-43，我们很快就可以得到本例中"销售额"与"推广费用"的相关关系是强还是弱。

小白抢答道：嗯！"销售额"与"推广费用"的相关系数为0.9516，属高度正相关。

Mr.林：是的，前面的例子中考查的是两个变量，如果有n个变量，同样可以用相关系数分析，得到$n \times n$的相关矩阵，让你一眼看出两个变量之间的相关关系强弱程度。

小白：Mr.林，让我试试吧，这个例子中刚好还有一个变量。

小白按照Mr.林刚才示范的操作步骤练习，一下子就得到"销售额"与"推广费用"及"其他费用"两两之间的相关关系，如图2-45所示。

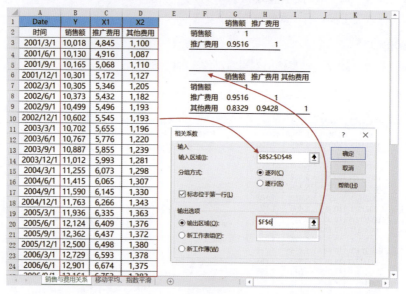

图2-45　相关系数结果（示例2）

Mr.林：嗯，没错。牛董提的问题知道怎么解决了吧？

小白开心道：YES！"销售额"与"推广费用"呈高度正相关，相关系数$r=0.9516$；"销售额"与"其他费用"相关性，弱于"销售额"与"推广费用"间的相关性，但仍呈高度正相关，相关系数$r=0.8329$。

2.2.6　回归分析

Mr.林：小白，刚才我们学习了现象依存关系的第一种——相关关系，了解了如何分析数据变量间的相关性，现在就来学习第二种关系——回归函数关系。

通过数据间的相关性，我们可以进一步构建回归函数关系，即回归模型，预测数据未来的发展趋势。

小白听到新名词又兴奋起来了：什么是回归呢？

第2章 玩转数据分析

Mr.林： 回归最初是遗传学中的一个名词，是由英国生物学家兼统计学家高尔顿(Galton)首先提出来的。他在研究人类的身高时，发现高个子回归于人口的平均身高，而矮个子则从另一方向回归于人口的平均身高。

现在的回归是研究自变量与因变量之间关系形式的分析方法，它主要是通过建立因变量Y与影响它的自变量$X_i(i=1,2,3,\cdots)$之间的回归模型，来预测因变量Y的发展趋势。例如，销售额对推广费用有着依存关系，通过对这一依存关系的分析，在已确定下一期推广费用的条件下，可以预测将实现的销售额。

小白： 喔！那么相关分析和回归分析有什么区别与联系呢？

Mr.林： 这个问题问得好。

相关分析与回归分析的联系是：均为研究及测量两个或两个以上变量之间关系的方法。在实际工作中，一般先进行相关分析，计算相关系数，然后拟合回归模型，进行显著性检验，最后用回归模型推算或预测。

相关分析与回归分析的区别是：

★ 相关分析研究的都是随机变量，并且不分自变量与因变量，回归分析研究的变量有自变量与因变量之分，并且自变量是确定的普通变量，因变量是随机变量。

★ 相关分析主要描述两个变量之间线性关系的密切程度，回归分析不仅可以揭示变量X对变量Y的影响程度，还可以由回归模型进行预测。

小白： 原来如此！

Mr.林继续介绍： 回归分析模型主要包括线性回归及非线性回归两种。线性回归又分为简单线性回归与多重线性回归，而对于非线性回归，我们通常通过对数转化等方式，将其转化为线性回归的形式进行研究，所以接下来将重点学习线性回归。

线性回归分析主要有五个步骤，如图2-46所示。

图2-46 线性回归分析五步法

简单线性回归

简单线性回归也称为一元线性回归,也就是回归模型中只含一个自变量,否则称为多重线性回归。简单线性回归模型为:

$$Y = a + bX + \varepsilon$$

式中,Y——因变量;

X——自变量;

a——常数项,是回归直线在纵坐标轴上的截距;

b——回归系数,是回归直线的斜率;

ε——随机误差,即随机因素对因变量所产生的影响。

小白好像发现了新大陆:咦!截距、斜率不是我们中学就学过的数学知识吗?

Mr.林笑道:哈哈!没错,我们现在就来一起学习如何用Excel进行回归分析。仍以"企业季度数据"为例,先撇开其他费用因素,只考虑推广费用对销售额的影响,如果确定了2012年第3季度推广费用预算,通过以上数据,如何预测2012年第3季度销售额呢?

绘制散点图

Mr.林:小白,按照刚才介绍的回归分析步骤,确定好因变量和自变量后,我们需绘制销售额(Y)与推广费用(X)的散点图。

小白疑惑地问道:Mr.林,为什么要绘制散点图呢?

Mr.林:问得好!散点图是一种比较直观地描述变量之间相互关系的图形。一般在做线性回归之前,需要先用散点图查看数据之间是否具有线性分布特征,只有当数据具有线性分布特征时,才能采用线性回归分析方法。

小白抢道:Mr.林,我自己先回忆一下散点图的绘制方法。

STEP 01 单击【插入】选项卡【图表】组中的【散点图】。

STEP 02 弹出一张空白图表,选中该【图表】,单击鼠标右键,在弹出的下拉框中选择【选择数据】。

STEP 03 在弹出的【选择数据源】对话框中,单击【添加】按钮,依次在【X轴序列值(X)】输入"=企业季度数据!C3:C48",在【Y轴序列值(Y)】输入"=企业季度数据!B3:B48"。

STEP 04 单击【确定】按钮,完成散点图绘制,如图2-47所示。

Mr.林边说边在小白绘制的散点图上继续操作:嗯,没错!从这个图中,能够直观地看出推广费用与销售额之间有一定的线性分布特征,我们还可以利用Excel图表工具为其添加趋势线。

第2章 玩转数据分析

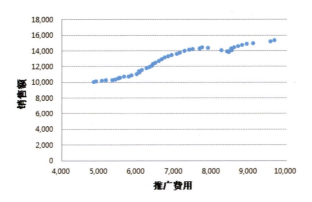

图2-47 销售额与推广费用散点关系图

STEP 01 选中图表中任意一个数据点以选中数据系列,单击鼠标右键,选择【添加趋势线】。

STEP 02 用鼠标右键单击趋势线,选择【设置趋势线格式】,在弹出的【设置趋势线格式】对话框中,选择【趋势线选项】下的【线性】项,并在对话框下方分别勾选【显示公式】、【显示R平方值】。

Mr.林:拟合线性回归方程为:$Y=1.198X+4361.5$,$R^2=0.9055$,如图2-48所示。

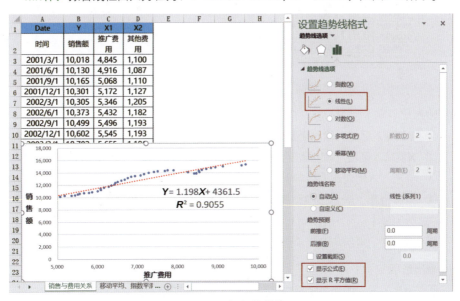

图2-48 添加趋势线

小白:Mr.林,原来建立回归分析模型这么容易呀!

Mr.林:小白,可别大意了!这只是通过绘图方式建立回归分析模型的一个简单做法，后续还要进一步使用多个统计指标来检验，如回归模型的拟合优度检验（R^2）、回归模型的显著性检验（F检验）、回归系数的显著性检验（t检验）等来综合评估回归模型的优劣，这时就需要使用Excel分析工具库中的——"回归"分析工具来实现。

STEP 01 单击【数据】选项卡【分析】组中的【数据分析】按钮，在弹出的【数据分析】对话框中，选择【回归】，单击【确定】按钮。

STEP 02 在弹出的【回归】对话框中，对各类参数分别进行如下设置，如图2-49所示。

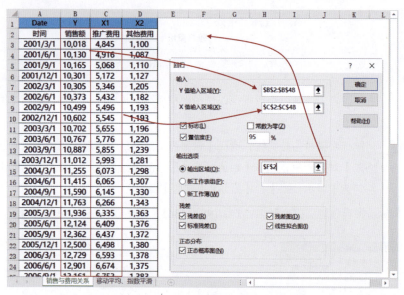

图2-49 简单线性回归参数设置对话框

输入

① Y值输入区域：输入需要分析的因变量数据区域，本例因变量区域为B2:B48。

② X值输入区域：输入需要分析的自变量数据区域，本例自变量区域为C2:C48。

③ 标志：本例勾选【标志】。

④ 常数为零：表示该模型属于严格的正比例模型，因本例不是，故未勾选【常数为零】。

⑤ 置信度：本例勾选此复选框，并输入"95%"。

输出选项

① 输出区域：本例将结果输出至当前工作表的F2单元格。

② 残差：指观测值与预测值（拟合值）之间的差，也称剩余值，本例勾选【残差】。

③ 标准残差：指（残差-残差的均值）/残差的标准差，本例勾选【标准残差】。

④ 残差图：以回归模型的自变量为横坐标，以残差为纵坐标绘制的散点图。若绘制的点都在以0为横轴的直线上下随机散布，则表示拟合结果合理，否则需要重新建模，本例勾选【残差图】。

⑤ 线性拟合图：以回归模型的自变量为横坐标，以因变量及预测值为纵坐标绘制的散点图，本例勾选【线性拟合图】。

⑥ 正态概率图：以因变量的百分位排名为横坐标，以因变量作为纵坐标绘制的散点图，本例勾选【正态概率图】。

STEP 03 单击【确定】按钮，结果如图2-50所示，为使回归分析结果图表更加清晰直观，对默认图形做了如下调整：残差图、线性拟合图的横轴最小值设置为"4000"，最大值设置为"10000"，数据标记大小设置为3磅。

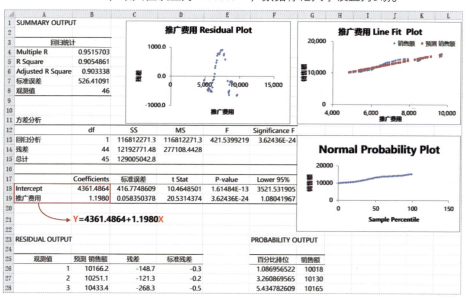

图2-50 简单线性回归结果示例

Mr.林：通过Excel分析工具库中的"回归"分析工具，我们可以了解到更多信息，如回归统计表、方差分析表、回归系数表这三张表就分别用于回归模型的拟合优度检验（R^2）、回归模型的显著性检验（F检验）、回归系数的显著性检验（t检验）。

◎ 回归统计表

回归统计表用于衡量因变量Y与自变量X之间相关程度的大小，以及检验样本数据点聚集在回归直线周围的密集程度，从而评价回归模型对样本数据的代表程度，即回归模型的拟合效果，主要包含以下5部分。

① Multiple R：因变量Y与自变量X之间的相关系数绝对值，本例$R=0.9516$，销售额与推广费用高度正相关。

② R Square：判定系数R^2（也称拟合优度或决定系数），即相关系数R的平方，R^2越接近1，表示回归模型拟合效果越好。本例$R^2=0.9055$，回归模型拟合效果好。

③ Adjusted R Square：调整判定系数Adjusted R^2，仅用于多重线性回归时才有意义，它用于衡量加入其他自变量后模型的拟合程度。

④ 标准误差：其实应当是剩余标准差（Std. Error of the Estimate），这是Excel中的一个Bug。在对多个回归模型比较拟合程度时，通常会比较剩余标准差，此值越小，说明拟合程度越好，本例剩余标准差为526.41。

⑤ 观测值：用于估计回归模型的数据个数（n），本例$n=46$。

方差分析表

方差分析表的主要作用是通过F检验来判断回归模型的回归效果，即检验因变量与所有自变量之间的线性关系是否显著，用线性模型来描述它们之间的关系是否恰当。表中主要有Df（自由度）、SS（误差平方和）、MS（均方差）、F（F统计量）、Significance F（P值）五大指标，通常我们只需关注F、Significance F两个指标，其中主要参考Significance F，因为计算出F统计量，还需要查找统计表（F分布临界值表），并与之进行比较才能得出结果，而P值可直接与显著性水平α比较得出结果。

① F：F统计量，用于衡量变量间线性关系是否显著，本例中$F=421.54$。

② Significance F：是在显著性水平α（常用取值0.01或0.05）下的F的临界值，也就是统计学中常说的P值。一般我们以此来衡量检验结果是否具有显著性，如果P值>0.05，则结果不具有显著的统计学意义；如果$0.01<P值\leq0.05$，则结果具有显著的统计学意义；如果P值≤0.01，则结果具有极其显著的统计学意义。

回归系数表

回归系数表主要用于回归模型的描述和回归系数的显著性检验。回归系数的显著性检验，即研究回归模型中的每个自变量与因变量之间是否存在显著的线性关系，也就是研究自变量能否有效地解释因变量的线性变化，它们能否保留在线性回归模型中。

回归系数表（图2-50左侧第三个表）中，第一列的Intercept、推广费用，分别为回归模型中的a（截距）、b（斜率），对于大多数回归分析来讲，关注b要比a重要；第二列是a和b的值，据此可以写出回归模型；第四、第五列分别是回归系数t检验和相应的P值，P值同样与显著性水平α进行比较，最后一列是给出的a和b的95%的置信区间的上下限。

第2章 玩转数据分析

Mr.林：最终我们得到的销售额和推广费用的简单线性回归模型为 $Y=4361.4864+1.1980X$，其中判定系数 $R^2=0.9055$，回归模型拟合效果较好。回归模型的 F 检验与回归系数的 t 检验相应的 P 值都远小于0.01，具有显著线性关系。综合来说，回归模型拟合较好。

我们将制订的2012年第3季度的推广预算值代入回归模型，就可以预测出2012年第3季度的销售额。

小白：嗯，我终于搞清了如何建立简单线性回归模型了，回去后要好好练习和消化！

◉ 多重线性回归

看着小白好奇而又勤勉的样子，Mr.林继续说道：小白，截至目前，我们所学习的预测模型中均只有一个自变量，即都属于单因素预测模型，如果我们要多考虑些因素，该如何处理呢？

小白想起Mr.林介绍的回归分析类别，说道：Mr.林，是用多重线性回归吧？

Mr.林：没错，经常有人分不清多重线性回归与多元线性回归，存在统计相关术语误用情况。

小白：那到底如何区分多重线性回归与多元线性回归呢？

Mr.林：其实很简单，就看因变量或自变量的个数，多重线性回归模型（Mulitiple Linear Regression）是指包含一个因变量和多个自变量的回归模型，而多元线性回归（Multivariate Linear Regression）是指包含两个或两个以上因变量的回归模型。

所以，多重线性回归模型为：

$$Y = a + b_1X_1 + b_2X_2 + \cdots + b_nX_n + \varepsilon$$

式中，Y——因变量；

X_n——第 n 个自变量；

a——常数项，是回归直线在纵坐标轴上的截距；

b_n——第 n 个偏回归系数；

ε——随机误差，即随机因素对因变量所产生的影响。

仍以"企业季度数据"为例，在简单线性回归的基础上，考虑加入"其他费用（$X2$）"这个指标，来预测我们的销售额。小白，你说这样会不会更加准确些？

小白：嗯，您快快教我吧。

Mr.林：哈哈，其实还是采用Excel分析工具库的"回归"分析工具实现，只需在刚才简单线性回归的操作基础上，更改自变量数据范围为C2:D48，并将结果输出至当前工作表的F2单元格。对【回归】对话框中各类参数分别进行如下设置，如图2-51所示。

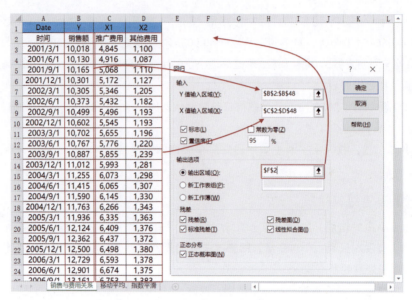

图2-51　多重线性回归参数设置对话框

Mr.林：多重线性回归输出相应的结果，如图2-52所示。

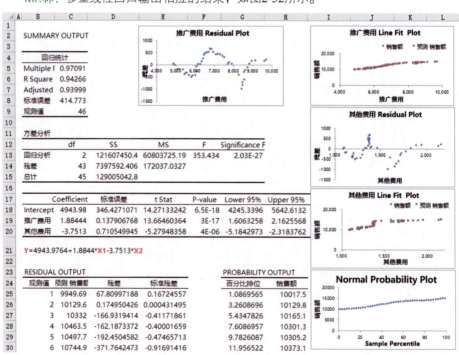

图2-52　多重线性回归结果示例

小白抢先答道：操作方法与我们计算简单线性回归的方法一致，只是回归模型拟合优度的检验应该采用调整判定系数Adjusted R^2。最终得到的销售额与推广费用、其他费用的多重线性回归模型为$Y=4943.9764+1.8844X_1-3.7513X_2$，其中调整判定系数Adjusted R^2=0.94，回归模型拟合效果较好，回归模型的F检验与回归系数的t检验相应的P值都远小于0.01，具有显著线性关系。综合来说，回归模型拟合较好。

通过这个多重线性回归模型，再将2012年第3季度推广费用、其他费用预算代入模型计算，就可以得到预测的2012年第3季度销售额。

Mr.林满意地点点头：理解很到位，Excel数据分析工具库的回归分析工具，只能进行简单的回归分析！如果我们需要进行更深层次的研究，如逐步回归，则需要借助SPSS、R等专业的统计分析工具来处理了。

小白：好，我先学好如何用Excel进行回归分析。

2.2.7 移动平均

Mr.林：小白，刚才我们学习了相关分析及回归分析，通过这两种分析方法，可以了解多个变量之间的关系，从而分析目标变量未来的发展变化趋势，这是一种预测方法。

小白：另一种预测方法是什么呢？

Mr.林：另一种预测方法就是根据时间发展进行预测，简单来说就是时间序列预测。时间序列预测法的基本特点，如图2-53所示。

图2-53　时间序列预测法的基本特点

时间序列预测主要包括移动平均法、指数平滑法、趋势外推法、季节变动法等预测方法，其中移动平均法、指数平滑法是我们最常使用的方法，所以我们主要学习这两种方法。

移动平均法是一种改良的算术平均法，它是根据时间序列逐期推移，依次计算包含一定期数的平均值，形成平均值时间序列，以反映事物发展趋势的一种预测方法。移动期数的大小视具体情况而定，移动期数少，能快速地反映变化，但不能反映变化趋势；移动期数多，能反映变化趋势，但预测值带有明显的滞后偏差。

移动平均法的基本思想是：移动平均可以消除或减少时间序列数据受偶然性因素干扰而产生的随机变动影响，它适合短期预测。

移动平均法公式如下：

$Y_t = (X_{t-1} + X_{t-2} + X_{t-3} + \cdots + X_{t-n})/n$

式中，Y_t ——对下一期的预测值；

　　　n ——移动平均的时期个数；

　　　X_{t-1} ——前期实际值；

　　　X_{t-2}、X_{t-3} 和 X_{t-n} ——分别表示前两期、前三期直至前 n 期的实际值。

移动平均法主要包括一次移动平均法、二次移动平均法、加权移动平均法，这里我们主要介绍一次移动平均法。

Mr.林：每年的年底都要进行年度总结与规划，比如要分析预测下一年度的经营情况，以便为下一年业务战略部署与规划提供有力的决策依据。

小白点头道：嗯，我通常对前两年的数据求平均数，用AVERAGE函数来实现。

Mr.林：现在我们可以直接用Excel分析工具库——"移动平均"分析工具进行预测。

以"企业季度数据"为例，它提供了从2001年到2012年这12年的季度销售额（Y），下面我们利用Excel分析工具库的移动平均功能，分析预测2012年第3季度的销售额会是多少。

STEP 01 单击【数据】选项卡【分析】组中的【数据分析】按钮，在弹出的【数据分析】对话框中，选择【移动平均】，单击【确定】按钮。

STEP 02 在弹出的【移动平均】对话框中，各类参数分别进行如下设置，如图2-54所示。

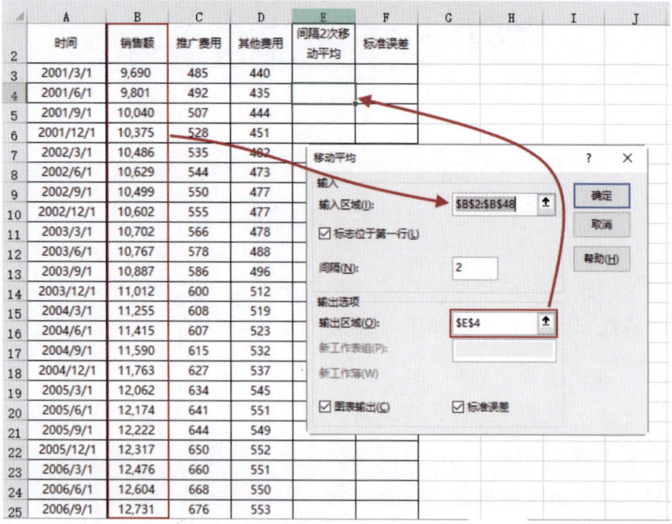

图2-54 【移动平均】参数设置对话框

第2章 玩转数据分析

输入

① 输入区域：本例数据源为B2:B48。

② 标志位于第一行：本例勾选【标志位于第一行】。

③ 间隔：输入移动平均项数，指定n组数据来得出平均值，本例移动平均项数为$n=2$。

输出选项

① 输出区域：本例将结果输出至当前工作表的E4单元格。

② 图表输出：由实际数据和移动平均数值形成的折线图输出，本例勾选【图表输出】。

③ 标准误差：实际数据与预测数据（移动平均数据）的标准差，用以显示预测值与实际值的差距，这个数据越小则表明预测数据越准确。

STEP 03 单击【确定】按钮，即可完成。

还没等Mr.林提问，小白抢答道：哇！这样即可预测得到2012年第3季度的销售额，是吧？

Mr.林：聪明！你现在练习间隔3次移动平均的操作吧。

小白：好的！

小白按照Mr.林的操作步骤，把【间隔】参数改成3，输出到G4单元格；同时把图表X轴默认的数据1、2、3……序列号，换成时间轴数据源A3:A49，如图2-55所示。

图2-55 移动平均结果示例

根据以上图表可以知道，2012年第3季度的销售额若是间隔2次移动平均，则预测值为15398（E49=AVERAGE(B47:B48)），若是间隔3次移动平均，则预测值为15270（G49=AVERAGE(B46:B48)）。

Mr.林满意地点点头：小白，做得不错！

另外，二次移动平均法是建立在一次移动平均法的基础上的，即利用一次移动平均法得出的预测结果再进行一次移动平均，在这里我就不介绍了，留给你回去自行练习。

2.2.8 指数平滑

Mr.林：小白，接下来我们将介绍第二种时间序列预测法——指数平滑法。

指数平滑法是从移动平均法发展而来的，是一种改良的加权平均法，在不舍弃历史数据的前提下，对离预测期较近的历史数据给予较大的权数，权数由近到远按指数规律递减。

指数平滑法根据本期的实际值和预测值，并借助于平滑系数（α）进行加权平均计算，预测下一期的值。它是对时间序列数据给予加权平滑，从而获得其变化规律与趋势。

Excel中的指数平滑法需要使用阻尼系数（β），阻尼系数越小，近期实际值对预测结果的影响越大；反之，阻尼系数越大，近期实际值对预测结果的影响越小。

α ——平滑系数（$0 \leqslant \alpha \leqslant 1$）

β ——阻尼系数（$0 \leqslant \beta \leqslant 1$），$\beta = 1 - \alpha$

在实际应用中，阻尼系数是根据时间序列的变化特性来选取的。

★ 若时间序列数据的波动不大，比较平稳，则阻尼系数应取小一些，如0.1~0.3。

★ 若时间序列数据具有迅速且明显的变动倾向，则阻尼系数应取大一些，如0.6~0.9。

根据具体时间序列数据情况，我们可以大致确定阻尼系数（β）的取值范围，然后分别取几个值进行计算，比较不同值（阻尼系数）下的预测标准误差，选取预测标准误差较小的那个预测结果即可。

指数平滑法公式如下：

$Y_t = \alpha X_{t-1} + (1-\alpha) Y_{t-1} = (1-\beta) X_{t-1} + \beta Y_{t-1}$

式中，Y_t ——时间t的平滑值；

X_{t-1} ——时间$t-1$的实际值；

Y_{t-1} ——时间$t-1$的平滑值；

α ——平滑系数；

β ——阻尼系数。

第2章 玩转数据分析

指数平滑法可以分为一次指数平滑法、二次指数平滑法及三次指数平滑法，这里我们主要介绍一次指数平滑法。

小白： 具体在Excel中如何实现呢？

Mr.林微微一笑： 嗯，我们还是以"企业季度数据"为例，利用Excel分析工具库——"指数平滑"分析工具预测2012年第3季度的销售额会是多少。

STEP 01 单击【数据】选项卡【分析】组中的【数据分析】按钮，在弹出的【数据分析】对话框中，选择【指数平滑】，单击【确定】按钮。

STEP 02 在弹出的【指数平滑】对话框中，各类参数分别进行如下设置，如图2-56所示。

图2-56 【指数平滑】参数设置对话框

输入

① 输入区域：本例数据源为B2:B48。

② 阻尼系数：阻尼系数（β）=1-平滑系数（α），本例填写阻尼系数= 0.1，意味着平滑系数 α =0.9。

③ 标志：本例中勾选【标志】。

输出选项

① 输出区域：本例将结果输出至当前工作表的E3单元格。

② 图表输出：输出由实际数据和指数平滑数据形成的折线图，本例勾选【图表输出】。

③ 标准误差：实际数据与预测数据（指数平滑数据）的标准差，用以显示预测值与实际值的差距，这个数据越小则表明预测数据越准确。

STEP 03 单击【确定】按钮，即可完成。

小白抢先道： Mr.林，和移动平均法一样，公式往下拉就可以得到预测结果，如图2-57所示。根据这个图，可以知道2012年第3季度的销售额预测值为15581（E49=0.9×B48+0.1×E48）。

E49 =0.9*B48+0.1*E48

	A	B	C	D	E	F
1	Date	Y	X1	X2		
2	时间	销售额	推广费用	其他费用	a=0.9	标准误差
30	2007/12/1	13,559	728	546	13,351	191
31	2008/3/1	13,607	731	549	13,538	207
32	2008/6/1	13,953	740	549	13,600	159
33	2008/9/1	13,877	748	555	13,918	240
34	2008/12/1	14,148	765	560	13,881	209
35	2009/3/1	14,395	790	584	14,121	257
36	2009/6/1	14,785	805	641	14,368	222
37	2009/9/1	14,881	811	631	14,743	327
38	2009/12/1	14,801	806	661	14,867	299
39	2010/3/1	15,279	836	666	14,808	257
40	2010/6/1	15,247	834	677	15,232	286
41	2010/9/1	15,056	822	685	15,245	275
42	2010/12/1	15,068	820	689	15,075	293
43	2011/3/1	15,006	811	708	15,069	110
44	2011/6/1	14,896	812	731	15,012	115
45	2011/9/1	14,912	813	755	14,908	76
46	2011/12/1	15,013	822	779	14,912	76
47	2012/3/1	15,167	829	852	15,003	89
48	2012/6/1	15,629	858	863	15,151	111
49	2012/9/1				15,581	298

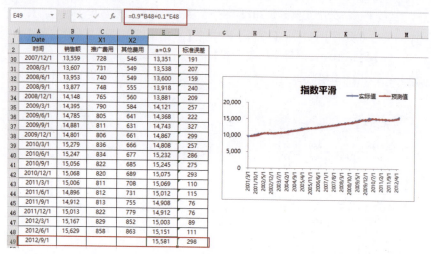

图2-57 一次指数平滑结果示例

Mr.林点点头： 不错！从这个结果我们可以更深刻地得知，一次指数平滑的预测值=上一期的实际值×平滑系数+上一期的预测值×阻尼系数。

小白： 嗯，理解了。

Mr.林： 小白，你现在分别把阻尼系数调整为0.3、0.6及0.9，比较不同值下的预测标准误差，看看哪个预测标准误差较小。

小白按照Mr.林的操作步骤，分别把阻尼系数调整为0.3、0.6及0.9，结果如图2-58所示。

G49 =0.7*B48+0.3*G48

	A	B	C	D	E	F	G	H	I	J	K	L
1	Date	Y	X1	X2								
2	时间	销售额	推广费用	其他费用	a=0.9	标准误差	a=0.7	标准误差	a=0.4	标准误差	a=0.1	标准误差
42	2010/12/1	15,068	820	689	15,075	293	15,103	296	15,050	404	13,952	1,547
43	2011/3/1	15,006	811	708	15,069	110	15,078	113	15,057	194	14,063	1,321
44	2011/6/1	14,896	812	731	15,012	115	15,027	102	15,036	32	14,158	1,101
45	2011/9/1	14,912	813	755	14,908	76	14,935	89	14,980	87	14,231	945
46	2011/12/1	15,013	822	779	14,912	76	14,919	88	14,953	95	14,300	795
47	2012/3/1	15,167	829	852	15,003	89	14,985	94	14,977	97	14,371	711
48	2012/6/1	15,629	858	863	15,151	111	15,112	119	15,053	122	14,450	732
49	2012/9/1				15,581	298	15,474	321	15,283	352	14,568	919

图2-58 一次指数平滑法多个阻尼系数的计算结果

小白： Mr.林，从图2-58可得知，在平滑系数为0.9（即阻尼系数为0.1）时，预测误差最小。

第2章 玩转数据分析

Mr.林：没错。是否使用以上预测结果，最终还要考虑其是否符合业务的实际情况，我们需要辩证地看待问题，不能因为是通过统计方法计算出来的，就直接采用。

同样，二次指数平滑法是建立在一次指数平滑的基础上的，即利用一次指数平滑法得出的预测结果再进行一次平滑，我就不介绍了，留给你回去自行练习，三次指数平滑法也是一样的道理。

小白：明白。

2.3 本章小结

Mr.林喝了口水：小白，到此为止，咱们对两种数据分析方法进行了深入的学习：一种是呈现现状的描述性分析，另外一种是基于历史数据的推断预测性分析。并且我分别介绍了两个Excel实用分析工具来实现应用，一个是Excel中处理分析大型数据的Power Pivot分析工具，另一个是Excel分析工具库。通过今天的学习，你应该：

★ 了解Power Pivot的功能、优缺点以及适用场景。
★ 熟悉用Power Pivot进行数据处理，如数据导入、数据合并、数据计算、数据分组等。
★ 掌握用Power Pivot创建数据透视表，进行数据分析。
★ 了解Excel分析工具库的功能、优缺点以及适用场景。
★ 熟悉用Excel分析工具库进行描述性统计分析，如描述统计、直方图。
★ 掌握用Excel分析工具库进行推断性统计分析，如抽样、相关分析、回归分析、移动平均、指数平滑等。

学习内容较为丰富，需要勤加练习，并结合工作的实际情况灵活运用，只有通过实际操作，才能有更深刻的体会。

小白：嗯，今天学到了两个非常实用的分析工具，希望在日后能帮助我解决问题，多为您分担些工作。

第3章

Show出你的数据

第3章 Show出你的数据

这天早晨一上班小白就神神秘秘地来到Mr.林办公桌旁。

小白：Mr.林，我看到一篇微博，说的是如今的丈母娘厉害着呢，在选女婿时，用Excel打分，什么平均、分类、综合评价都用上。

其实Mr.林也看到了这条微博，故意说道：哈哈，高手在民间，小白，你再说具体点。

小白：就是有一个女生的妈妈把女儿的每一个相亲候选对象，都按行业进行分类，并且把他们的年龄、身高等基本信息，以及收入、房产等经济条件都一一记录在Excel中，进行评分，最后得到一个总评分，只有达到一定分数的男生，才能和她的女儿见面。

Mr.林：哈哈，确实很厉害，这就是理论的最佳实践。小白，要不你也实践下？

小白不好意思地笑笑：我才不会去做这样的评分测试呢！我只是觉得，要把条件逐一输入Excel挺麻烦，有没有方法可以让这位阿姨只要输入每个男生的条件信息，就能够自动计算出总评分呢？

Mr.林乐了：小白，你的想法跟我不谋而合。我昨天就已经看到这条微博，也觉得这位阿姨现在的方法不方便，所以就用水晶易表在她的数据表基础上，制作了一个"丈母娘选女婿模型"，只要把每个男生的条件信息通过下拉菜单进行选择，即可得到总评分。

小白顿时来了精神：水晶易表！我一直很想学，但是一直没机会，快快教我！

Mr.林：别急啊！其实工具这些的都是"浮云"，掌握基本原理与方法，才是最为关键的。

小白也表示赞同：没错，就像学习数据分析，重点是掌握其基本原理与方法，而工具是其次，只要能解决问题的工具就是好工具，Mr.林，是这样的吗？

Mr.林：非常正确。刚才说到的水晶易表，它主要的作用就是把枯燥的数据转换成吸引观众眼球的生动图表，是数据可视化方式之一。

小白：数据可视化？这个词我听过，愿闻其详！

3.1 数据可视化

Mr.林：数据可视化（Data Visualization），就是研究如何利用图形，展现数据中隐含的信息，发掘数据中所包含的规律。也就是利用人对形状、颜色、运动的感官敏感性，有效地传递信息，帮助用户从数据中发现关系、规律和趋势。它涉及计算机图形学、图像处理、计算机视觉、计算机辅助设计等多个领域，是研究数据展现、数据处理、决策分析等一系列问题的综合技术，随着数据挖掘和大数据的兴起而进一步发展。

3.1.1 有趣的数据可视化

数据可视化非常有趣，它通过技术手段，将枯燥的数据变得生动可爱。数据可视化的主要目的是借助图形化手段，更清晰有效地传达数据背后的信息。

在日常生活和工作中，数据可视化的应用越来越广泛。无论是报刊杂志等传统媒体，还是日益发达的网络媒体，都将越来越多的数据结果图形化，使人们更容易理解数据背后的信息。

小白：我最近在微博或一些网站上总能看到不同字号大小的新闻标题，或者用图形显示的新闻报道，这也算是数据可视化吧？

Mr.林：没错。现在数据可视化的技术越来越强大，展现方式也多种多样。小白，考考你，我们常见的图表有哪些？

小白：我们常见的图表有饼图、折线图、条形图、柱形图、散点图、气泡图、雷达图、面积图，以及在这些图表的基础上衍生出来的图表，如帕累托图、旋风图、矩阵图、漏斗图等。

Mr.林：非常正确。你刚才说的图表都是我们工作中常见的数据可视化图形，当然数据可视化图形还包括地图、标签云、热力图、树图、网络图等。

我们先来看看一些有趣的数据可视化成果吧。

◉ 仪表板

仪表板是目前经常使用的一种数据可视化展现方式。在当今的商业社会中，每家企业基本都会用到仪表板，它被用来直观地展现企业主要业务的运营状况，实时监测运营数据变化，对潜在发生的问题做到提前预警。

如图3-1所示的是某企业销售情况仪表板，其上半部分是销售业绩的关键指标，它使用带有预警色的量表显示数值，企业决策人员能根据指针位置快速定位企业整体销售状况是否良好。下半部分则是从不同维度反映销售情况，包括产品存货情况、每周销售趋势以及各区域的表现。

◉ 标签云

标签云是一种关键词的视觉化方式，用于汇总用户生成的标签或一个网站的文字内容，其字体大小或不同颜色代表了文字的重要程度或出现的频次。

如图3-2所示的是"Business Intelligence & Analytics Blog"网站根据大数据相关的关键词所做的文字标签云，我们能从图中看到很醒目的一些单词，如BIG DATA（大数据）、STORAGE（存储）、ANALYTICS（分析）、TECHNOLOGIES（技术）等字眼，说明这些单词出现的频率较高。

第3章　Show出你的数据

图3-1　仪表板

图3-2　标签云

标签云的生成不仅简单，而且样式也非常多。互联网上也提供了诸多的标签云生成工具，比较有名的包括：

★ Tagxedo：国际免费的标签云生成网站，可根据个人需求定制不同形状、字体、颜色的标签云。

★ 易词云：国内免费的标签云生成网站，具有丰富的词云形状模板、灵活设置词云的界面、详尽的教程、新手也能快速上手等优势。

103

趋势地图

图3-3所示的趋势地图（http://i.imgur.com/Wc3yh.jpg）是由David Honnorat设计的。它将近一个世纪的经典电影以地铁线路的方式连接起来，每条不同颜色的线路代表不同的含义。例如主轴的粉色线代表了脍炙人口的电影，如1933年的《金刚》（King Kong）、1977年的《星球大战》（Star Wars）等；绿色线代表了科幻电影，如1982年的《银翼杀手》（Blade Runner），以及2009年的《星际迷航》（Star Trek）等。

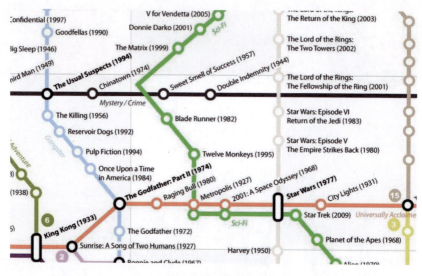

图3-3　趋势地图

将这些电影以这种新颖的方式连接起来绘制成图，使读者在阅读时能够快速找到各部经典电影的类型，有些电影的所在位置还能够让人会心一笑。

新闻展示图

新闻展示图（Newsmap，http://newsmap.jp）是借由Google实时新闻反馈的可视化呈现，如图3-4所示。

此数据可视化图形借由树图的表现形式及算法，以区块大小、颜色深度及标题字号呈现了新闻受欢迎程度。不同颜色表示不同的新闻领域，例如红色表示世界新闻，绿色表示商业新闻，蓝色表示体育新闻等。

这种表现形式打破了空间的限制，帮助用户发现、认知和分类新闻信息，比较适合展现大量信息的聚合。

第3章 Show出你的数据

图3-4　新闻展示图

◉ 关键字展示图

关键字展示图（http://amaztype.tha.jp/）是由AmazType从亚马逊网上书店收集数据，将图书的搜索结果根据所提供的关键字的字母形状进行排列而生成的，点击其中一本书，就可以进入页面查看详细信息，如图3-5所示。

图3-5　关键字展示图

3.1.2　数据可视化的意义

小白：这些数据可视化的成果都很炫嘛，可是对我而言，数据可视化听起来似乎还是一个全新的名词，它除了让数据看起来很漂亮，还有什么其他意义呢？

Mr.林：问得好！数据可视化为我们提供了一条清晰有效地传达与沟通信息的渠道，具体体现在三个方面，如图3-6所示。

图3-6 数据可视化的意义

★ 交互性：用户能够方便地通过交互界面实现数据的管理、计算与预测。
★ 多维性：可以从数据的多个属性或变量对数据进行切片、钻取、旋转等，以此剖析数据，从而能多角度、多方面分析数据。
★ 可视性：数据可以用图像、二维图形、三维图形和动画等方式来展现，并可对其模式和相互关系进行可视化分析。

小白：原来数据可视化还有这些意义。那么，用什么工具来实现数据可视化呢？

3.1.3 数据可视化工具与资源

Mr.林：现在有很多数据可视化的工具，它们有的需要安装在计算机上，有的则是基于网页来运行。

◉ Microsoft Excel

Mr.林：首先，最常见的数据可视化工具就是Excel。

小白：嗯，Excel确实是非常棒的工具，分析数据、作图基本都靠它！

Mr.林：Excel是数据可视化的利器之一，我们做完数据分析写报告时就是采用Excel绘制图表的，如刚才提到的饼图、折线图、条形图、柱形图等常用图形。当然还可以在Excel中绘制数据地图，让我们清晰直观地了解用户、渠道等分布信息。甚至还可以结合Excel控件绘制动态图，展现数据的变化与趋势。

目前的Excel版本绘制的图表也相较之前的版本有不少改进，例如自Excel 2010版本起，增加了迷你图、切片器等工具，这些都是非常好的可视化工具。

但是如果使用Excel制作比较复杂的可视化模型，可能需要编写VBA代码，而这一过程又会让不少人望而却步，毕竟写一大堆难以理解又容易出错的代码不如点点鼠标就能得到结果来得方便。

◉ 水晶易表

小白：那么除了Excel，还有其他比较实用的数据可视化利器吗？

第3章　Show出你的数据

Mr.林：当然。刚才提到的水晶易表，就是一个非常优秀的数据可视化工具。它能够把静态的Excel模型转变成生动的数据可视化展示。

在水晶易表中，只需要导入现有的Excel模型，通过类似于饼图、柱状图、仪表盘等可视化部件与相关数据进行连接，就能把枯燥的数据模型形象地展示出来了。同时，水晶易表还可以把结果输出到PowerPoint、PDF、Flash等文件中。

小白：好期待呀！之前对它的运作原理一直挺好奇的。

Mr.林：呵呵，任何方法或工具，只要掌握其原理，就可以很快上手并灵活运用。当然除了水晶易表，在互联网上，还有很多丰富的数据可视化工具。

小白：都还有哪些呢？

Mr.林：我自己使用过以下几个，其他的就需要你自己去探索发现了。

◉ 百度图说

百度图说（https://tushuo.baidu.com/）是由百度echarts团队推出的专业的大数据可视化分析平台。这个平台能够让用户在没有任何编程经验的基础上也可以轻松绘制各种不同类型的图表，简单几个步骤就可以将枯燥乏味的数据"化腐朽为神奇"，从而发现到隐藏在数据背后的信息与规律。

如图3-7所示的界面是百度图说的图形选择界面，根据分析目的选择合适的图形，即可快速生成图表。当然，除了零基础编程经验也能绘制图形之外，它还具有基于云服务的分享、协同编辑功能。通过分享自动生成的代码可以让团队其他成员快速编辑图表。

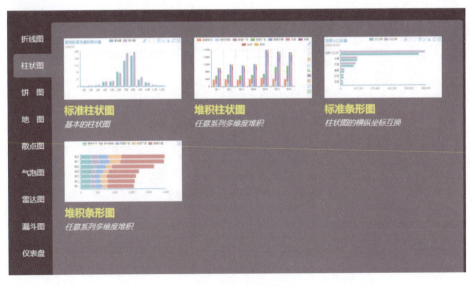

图3-7　百度图说

🎯 RAW Graphs

RAW Graphs（https://rawgraphs.io）是一个免费并且开源的数据可视化网站，如图3-8所示，它无须注册即可使用。用户只需要将数据复制粘贴到指定区域或上传至网站，然后从大量示例图形中选取所需要的可视化图形，网站就可以将数据即时绘制出相应可视化图形。

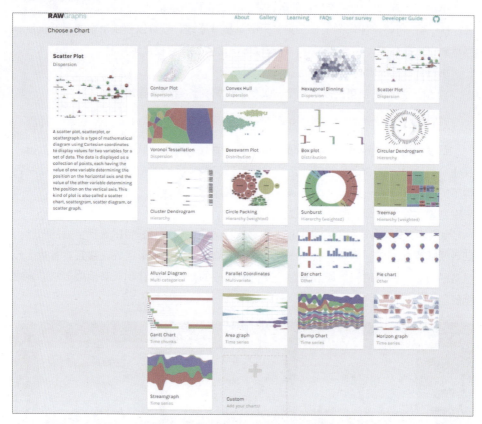

图3-8　RAW Graphs图形选取界面

同时，网站还允许用户自行调整图形大小或颜色等参数，使图形更加符合实际需求。此外，RAW Graphs还支持将图形转化成代码用于网站内嵌，或下载保存为矢量图形（svg格式）和便携式网络图形（png格式），以满足不同的使用场景。

🎯 NodeXL

NodeXL是一款交互式网络可视化和分析的工具（http://nodexl.codeplex.com/）。它能加载于Excel（支持Excel 2007和Excel 2010），使其作为数据展示和分析的平台。它主要用于社交网络分析，能够根据数据，图形化各用户之间的网状分布，如图3-9所示。

第3章 Show出你的数据

图3-9 NodeXL社交网络分析图

Mr.林：除此之外，还有其他大量优秀的数据可视化软件或应用程序。我建议不要贪多，认真学好其中一到两个，在职场上应用就绰绰有余了。

小白：Mr.林所言极是，我们现在先学习最实用的水晶易表吧。不过我还是有些不了解，这个工具有什么特别之处呢？

3.2 Excel的可视化伴侣——水晶易表

Mr.林：简单来讲，水晶易表是根据数据展现需求，在建立好的Excel数据报表或模型的基础上，结合相应的数据展现部件，通过鼠标简单的拖曳及数据关联和设置，将沉闷的数据结果生动、清晰、直观地展现出来。

3.2.1 初识水晶易表

Business Objects公司于2006年将水晶易表推广至中国。后来，随着业务的整合，SAP公司并购了Business Objects公司，并将水晶易表定位于商业智能产品线的重要产品，加大对其的研发力度，增强了与其他软件的连接性及资源共享性。

现在，SAP公司已经将水晶易表的英文名称改为SAP Crystal Dashboard Design，并且提供了不同版本以满足不同用户的需求。在此，为了与早期的中文名称保持一致，仍然称SAP Crystal Dashboard Design为水晶易表。下面我们用SAP Crystal Dashboard Design 2011, Departmental Edition版本进行后续实践。

小白：那么，这与用Excel图表来展现数据有什么差异呢？

Mr.林：Excel图表通常是静态地展现数据，当然它可以通过控件设置动态显示数据，但它无法直接在PPT中进行动态演示，并且其展现结果没有水晶易表美观。水晶易表只需通过简单的鼠标拖曳操作，就可以实现用户与数据的积极互动，从而发现隐藏在数据背后的信息，方便数据分析或趋势预测。

小白：这么神奇的工具，要是早点告诉我怎么用就好了。

Mr.林：呵呵，这不是先让你打好Excel基础，等时机成熟了再学习水晶易表嘛。因为水晶易表是建立在Excel模型上的，只有把基础打牢，建立有效的Excel模型，才能让水晶易表发挥最大的功效，创建出美观而实用的数据可视化作品。

在学习水晶易表之前，我觉得你需要对它有一个全面了解，包括它的工作原理，能做什么，不能做什么，而不是机械地使用水晶易表。

小白：非常同意啊，Mr.林，您赶紧来给我讲一讲吧。

3.2.2　水晶易表的特点

Mr.林：先为你介绍水晶易表的特点，这样你就能充分了解它，发挥它的专长了。

作为一个数据前端展现工具，水晶易表的强大优势是有目共睹的，无论是数据结果的阅读者，还是仪表盘的开发人员，都会被它丰富的部件和便捷的操作所吸引，这些优势可以归纳为三点，如图3-10所示。

图3-10　水晶易表的三大优势

正确恰当地使用水晶易表，能够为数据分析锦上添花，从商业角度来讲，也能让企业迅速发现问题，为它们提供决策支持。如果过度使用，则会使阅读者产生视觉疲劳，削弱其价值。

我看你对水晶易表这么感兴趣，先谈几点经验以供参考。

首先，避免菜鸟思维，不要为追求炫丽的效果而使用水晶易表。我曾经见过有的报告中每页幻灯片的图表都用水晶易表来制作，这是多大的工作量啊！后期更新数据也是个大问题，其实直接用Excel来完成图表绘制即可。这是典型的没有充分认识并利用水晶易表的优势,过分追求炫丽效果的表现。

其次,充分利用水晶易表交互性特点。在数据模型展现或需要使用到What-if逻辑关系展现上可考虑使用水晶易表,充分利用水晶易表的优势,这样能够更加高效地进行数据展现。

再次,打牢Excel建模基础。水晶易表主要用来展示数据,其基础是Excel模型。只有把基础打牢,建立有效的Excel模型,才能让水晶易表发挥最大的功效,帮助你创建出美观实用的数据可视化作品。

小白:真是躺着也中枪,本来我准备在每个数据报告中都使用它。现在看来,我还是先搞清楚真正的需求是什么,再选用最合适的软件和表现方式来完成数据报告。

Mr.林:没关系,这都需要一个认知过程,也就是从菜鸟向高手转变的过程。你还需要深入了解一下水晶易表的工作原理,知道它的核心是什么,重点是什么,才能将这款软件使用得游刃有余。

小白:这……还得请您来帮我答疑解惑了。

3.2.3 水晶易表工作原理

Mr.林:其实水晶易表的工作原理也并不复杂,如图3-11所示。

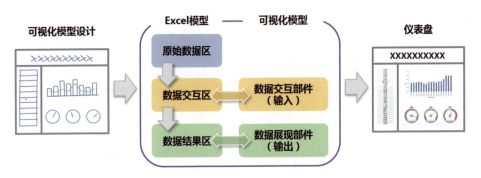

图3-11 水晶易表工作原理

STEP 01 先对可视化模型有一个初步的构思与设计,确定好基本框架结构。

STEP 02 建立Excel模型。这里的Excel模型主要包括三个部分:原始数据区、数据交互区和数据结果区。

★ 原始数据区:存放建立可视化模型所用到的原始数据,也就是经过处理加工且可直接使用的数据,当然也可以使用一些能够被水晶易表支持的Excel函数。

★ 数据交互区:存放用户可以自行输入的数据,主要用来和原始数据进行交互计算或引用,得到新的数据结果,这可以通过Excel函数或公式来实现。在比较简单的可视化模型中，数据交互区不是必需的，因为在部分部件（如组合框、列表框、过滤器等选择器）中已经内置了数据引用功能，可以在一定程度上实现数据交互引用。

★ 数据结果区：存放可视化模型需要的数据，可以是根据数据交互区的计算或引用得出的新数据结果。

这三个部分呈递进关系，即以原始数据区为基础，通过数据交互区的计算或引用作用，将结果呈现在数据结果区。

STEP 03 将Excel模型导入可视化模型，并进行相对应部件的设置连接，通过可视化模型展现出Excel模型结果。

刚才将Excel模型分为三个部分，在可视化模型中，除原始数据区不用体现在可视化模型中以外，另外两个部分都有其所对应的解决方案。

★ 数据交互部件：实现用户与Excel模型的交互，如刻度盘、微调框、组合框等部件。通过交互部件，将用户需要的数据传递到Excel模型中的数据交互区，以完成后续的数据分析或模拟研究。

★ 数据展现部件：展现Excel模型中的数据结果，如统计图、地图、量表、进度条等部件。不同的展现部件用于不同的展现结果，使用户能够直观快速地了解由Excel模型分析的结果。

在水晶易表中，可视化模型的存储格式为xlf格式。

STEP 04 完成可视化模型制作，导出为仪表盘文件。

仪表盘是可视化模型的最终成果，默认存储为flash格式（swf），我们也可以通过水晶易表导出功能，根据需求将最终成果导出为不同的文档格式，例如PowerPoint、PDF、网页等。

小白： 原来是这样。那么，我对水晶易表的理解就是，其核心是建立Excel模型，其次是制作可视化模型。只有把这两部分都做好，才能制作出一个"人见人爱，花见花开"的仪表盘。

Mr.林： 是的，小白。根据对水晶易表工作原理的介绍，可以将创建可视化模型的步骤归纳为四步，如图3-12所示。

小白： 有了这四个步骤的指导，思路就清晰多了。另外我想问的是输入、输出部件具体来说分别有哪些？

Mr.林： 别急，先在计算机上装一个水晶易表，稍后我来教你怎么使用。

第3章　Show出你的数据

图3-12　水晶易表创建步骤

3.2.4　水晶易表的安装要求

Mr.林：水晶易表2011版目前适用于主流的Windows操作系统。

除此之外，Excel和Adobe Flash Player也是必不可少的，水晶易表兼容的Excel版本为Excel 2003、2007和2010；兼容的Adobe Flash Player的版本为10.0或以上。

小白：可以安装在macOS操作系统中吗？

Mr.林：目前还无法直接安装到macOS操作系统中。如果一定需要使用的话，只能通过安装双系统或者虚拟机的方式来安装及运行水晶易表。

过了几分钟，水晶易表安装完毕。

3.2.5　认识水晶易表部件

Mr.林：现在我们一起来认识一下水晶易表这个神器吧。

◎ 工作区

初次运行水晶易表会开启带有开始页面的主界面，如图3-13所示。

上半部分是菜单和工具栏，中间部分是建立或打开模型的快捷区域，可以迅速创建一个新模型，或者打开以前建立过的模型。下半部分会与网络连接，显示水晶易表的产品信息、主要资源以及在线学习的链接，这些资源以英文为主。

单击第二行工具栏的最后一个按钮【开始页】，则进入工作区，如图3-14所示。

小白：Mr.林，我发现水晶易表的工作区上的按钮与PowerPoint非常类似。

Mr.林：没错，主要不同之处就是水晶易表多了Excel表格，用于提供部件所需要的数据。

图3-13　初次启动时的水晶易表界面

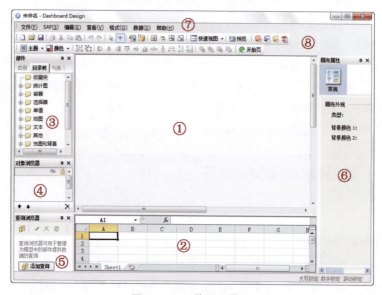

图3-14　工作区主界面

默认的工作区包括：①画布；②Excel表格；③部件；④对象浏览器；⑤查询浏览器；⑥属性面板；⑦菜单栏；⑧工具栏。

所以水晶易表的制作与PowerPoint类似，在一个空白的工作区中，添加不同的可视化部件，并进行适当的排版布局。不同的是，它还需要对可视化部件与Excel模型进行连接设置，将Excel模型中的结果通过可视化部件展示出来。

小白：这样说来，水晶易表的制作并不难嘛！

第3章 Show出你的数据

🎯 部件

Mr.林：现在，我们来认识一下水晶易表最重要的工具——部件。

如图3-14所示，在水晶易表工作区主界面左侧的部件浏览器中列出所有可以添加到可视化模型中的部件，我们只要将列表中需要的部件拖放到画布上，并将其与Excel模型连接，就可建立可视化模型。

常用的部件主要有单值、文本、选择器、统计图、地图五大类型，每个类型的部件功能都不一样，有的只能用于输入，有的只能用于输出，有的既可以用于输入也可以用于输出，具体如图3-15所示。

部件类别	部件	作用
单值	滑块、刻度盘、微调框、播放按钮	数值输入
	进度条、量表、值	数值输出、数值输入
文本	标签、输入文本区域	文本输出、文本输入
选择器	组合框、列表框、单选按钮、过滤器、鱼眼图片菜单……	选项输入
统计图	折线图、饼图、柱形图、条形图、散点图、气泡图、雷达图……	数值输出、向下钻取
地图	各地区地图	数值输出

图3-15 水晶易表主要部件及用途

Mr.林：小白，现在你知道水晶易表中输入、输出部件分别有哪些了吧？

小白：知道啊！您给的这个水晶易表主要部件及用途表格非常清晰直观，指导性非常强，不过我有个疑问，为何单值分成两行显示呢？

Mr.林：这个问题问得好。刚才也提到，每个部件的功能都不一样。可以举个例子，例如单值中的进度条主要用于数值的输出，让用户清晰地看到目前进度，当然它也可以用于数值的调整输入，但使用起来就没有专门用于数值输入的滑块部件来得方便。所以我们需要了解每个部件的特性，做到合理使用每个部件，发挥其最大功效。

小白：没错，是这样的！

3.3 水晶易表实战

3.3.1 居民消费价格指数模型

Mr.林：小白，现在我来教你做一个简单的可视化模型吧。这个模型主要用来显示

2012年各地居民消费价格指数,用户单击左侧不同的地区名称,右侧的折线图就会相应地动态显示所选地区在2012年每月的居民消费价格指数的变动趋势,以及全年价格指数的最高值与最低值。在制作之前,我们先来设计一下这个可视化模型。

◎ 可视化模型设计

Mr.林:一个优秀的数据结果展现界面,不仅要能够正确表达数据内容,还要有合理的布局,以及能抓住用户眼球的设计。布局的设计直接借鉴PowerPoint排版布局的设计经验即可。我先说一下我自己对于这个可视化模型的设计思路。

小白:愿闻其详。

Mr.林:首先,要明确需求与目的。这个可视化模型需要展示出各地区的居民消费价格指数的变动趋势,以及该地区在全年居民消费价格指数的最高值与最低值。

接下来,思考一下,这样的需求一般要通过什么方式来表现。

★ 趋势一般采用折线图呈现,所以居民消费价格指数变动趋势采用折线图来表示。

★ 最高值、最低值实际上只有两个数字,可以考虑采用能够显示单值的图形,如进度条、量表、值,这里只有量表最为合适。

★ 各地区的选择,可使用选择器中的过滤器、列表框、电子表格等。综合考虑,电子表格最为方便实用。

最后,根据构思在纸上简要画出可视化模型的设计草图,如图3-16所示。

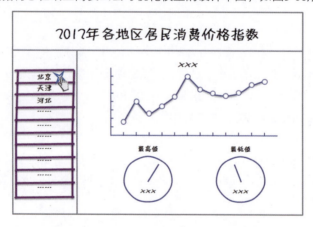

图3-16　居民消费价格指数模型设计草图

◎ 建立Excel模型

Mr.林:建立Excel模型时,为了清晰区分每部分数据的用途,需要按照之前提到的三大数据区来划分与使用。小白,你还记得是哪三大数据区吗?

小白:当然记得,分别是原始数据区、数据交互区和数据结果区。

第3章　Show出你的数据

Mr.林：没错。原始数据区和数据结果区是两个必须有的部分，而数据交互区不是必需的，刚好在这个案例中，已经有相应的部件（电子表格）内置数据引用功能，所以，在这里就不需要单独设置数据交互区。我已经建立好了对应的Excel模型，如图3-17所示。

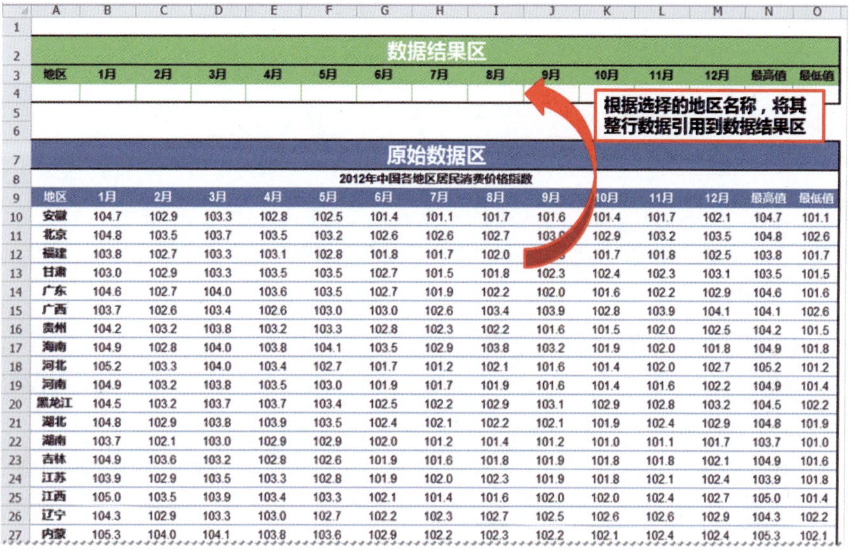

图3-17　居民消费价格指数Excel模型

从这个Excel模型我们能够很清晰地看出，蓝色区域是原始数据区，绿色区域是数据结果区。用不同颜色对各个数据区加以区别，在后续可视化模型连接设置时，可提高效率，减少出错概率。

小白：谢谢您的指点。那么这个Excel模型是如何工作的呢？

Mr.林：还记得我们的设计草案吗？我们的目的是实现通过选择不同的地区名称来显示不同的数据。因此，这个模型需要做的就是根据用户选择的地区，从原始数据区提取其对应整行的数据并直接引用到数据结果区，再由可视化模型的相关部件将数据结果区的内容显示出来。现在，你看到数据结果区是空的，是因为整个选择过程由可视化模型相应的选择器部件来完成，所以，这个Excel模型里并不需要做任何数据引用的设置。

小白：原来是这样。呃……不过Mr.林，我还发现，您把数据结果区放到了Excel工作表的最上方，这么做是有意而为的吗？

Mr.林：没错。其实这也和个人习惯有关。在制作可视化模型时，我们更多的是要建立数据交互区和数据结果区与可视化部件之间的关联。把这两部分放在工作表的上方主要是为了便于选择和进行相关的设置。当然，这两个部分的位置因人而异，如果你喜欢放到原始数据区的下面，也是没有问题的。

小白：看到这里，我发现无论是前期的设计草案，还是现在的Excel模型，以及后续的可视化模型，它们之间真的是环环相扣，紧密联系啊。

Mr.林：是啊。所以说，前期设计很重要，一定不能忽视。所谓"牵一发而动全身"，如果前期准备没做好，等到快做完时发现需要补救，那就可能要做很大的修改了。

小白：这个Excel模型完成了，是不是就可以开始可视化模型设计了？

🎯 创建水晶易表可视化模型

Mr.林：没错，不过在正式开始创建之前，我们先了解一下这个可视化模型中都会出现哪些关键操作，因为这些操作在整个模型中有着举足轻重的作用。

★ 电子表格的设置：电子表格可用于显示Excel模型中的任意单元格组，也可以作为选择器，让用户单击电子表格中的任意单元格，从而触发其他部件的变化。本例中，电子表格将以选择器的角色出现在模型中。

★ 折线图的设置：折线图一般用于显示数据变化趋势，让用户非常直观地看出数据变化过程，关注突出的拐点。

★ 量表的设置：量表一般用来显示数值，量表类似于汽车驾驶台中的仪表盘，通过指针的变动，用户很容易确定当前数值在整个数据范围内所处的位置，这能帮助用户更好地理解数值，以便发现问题或做出决策。

接下来，就一起创建可视化模型吧。

1. 导入Excel模型

单击菜单栏的【数据】组，选择【导入】，或按快捷键【Ctrl+Shift+I】，或单击工具栏上的【导入】图标，弹出如图3-18所示的对话框。单击【是】按钮，打开选择文件对话框，选中要导入的Excel模型"2012年各地区居民消费价格指数模型.xls"，单击【打开】按钮，Excel文件就被导入到水晶易表中。

图3-18 导入数据提示框

2. 设置"电子表格"部件

STEP 01 从部件浏览器中选择【选择器】，找到"电子表格"部件，如图3-19所示。

第3章 Show出你的数据

依照设计草图布局,用鼠标选中并将其拖入右侧画布相应位置。

A1	B1
# 210	CA
# 45	FL
# 88	NY
# 105	MD

图3-19 "电子表格"部件

STEP 02 在画布中的"电子表格"部件上单击鼠标右键,选择【属性】,则弹出电子表格属性对话框,如图3-20所示。也可以在选中部件的情况下,直接按快捷键【Alt+Enter】或双击鼠标左键来打开此对话框。

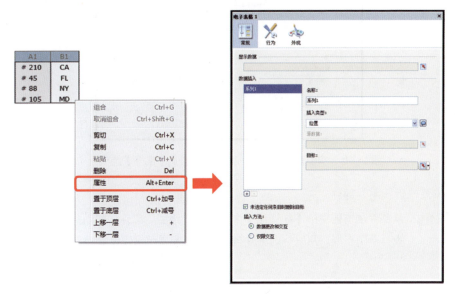

图3-20 "电子表格"部件属性对话框的调出过程

STEP 03 在"电子表格"部件属性对话框中设置显示地区名称、源数据(原始数据区),以及将选中的数据调用到的区域(数据结果区),如图3-21所示。对【常规】选项卡的具体操作设置如下。

(1)显示数据:单击该栏尾部的【单元格选择器】按钮,在Excel模型中选中要显示的地区名称所在的单元格A10:A40。

(2)数据插入:在本例中,数据以行的形式存放,因此,【插入类型】选择"行",【源数据】也就是Excel模型中的原始数据区,选择单元格A10:O40,【目标】也就是数据结果区,选择单元格A4:O4。

STEP 04 全部设置完成后,关闭"电子表格"部件的属性对话框。

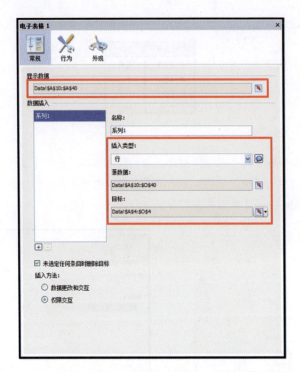

图3-21 "电子表格"部件属性对话框(【常规】选项卡)

3. 设置"折线图"部件

STEP 01 从部件浏览器中的【统计图】中找到"折线图"部件,如图3-22所示,依照设计草图布局,用鼠标选中并将其拖入右侧画布相应位置。

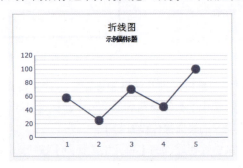

图3-22 "折线图"部件

STEP 02 在"折线图"部件上单击鼠标右键,选择【属性】,则弹出折线图的属性对话框。实际上,折线图属性对话框中的分类也适用于其他大部分统计图,都包含了特定的选项卡,这些选项卡对统计图起到不同的作用,具体如图3-23所示。

第3章 Show出你的数据

图标	名称	作用
	常规	用于部件的基本设置，比如标题、标签、源数据以及目标数据的链接
	插入	该选项卡仅适用于部分统计图，可对统计图进行相应设置使其具有选择器的功能。在单击图中某一部分时可显示更详细的信息，即实现向下钻取(Drilldown)行为
	行为	用于设置部件在模型中的运行方式。例如，限制、交互性和可见性等
	外观	用于设置部件的外观样式，包括字体大小、标题位置、图例、颜色等
	警报	用于设置与数据相关的通知，即提醒用户数据特定的条目或操作已经达到某个预先设定的限制

图3-23 统计图属性对话框的名称与作用

对统计图属性的设置通常也是按照选项卡的顺序依次进行的，如果某一选项卡用不上，或采用其默认设置，则可以直接跳过相应的选项卡。

STEP 03 对【常规】选项卡下的内容进行设置，具体操作如图3-24所示。

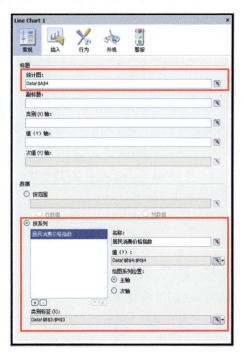

图3-24 "折线图"部件属性对话框（【常规】选项卡）

（1）标题：选择数据结果区的地区名称所在单元格A4，以链接单元格的方式显

（2）数据：选择【按系列】，在【名称】一栏输入"居民消费价格指数"，【值(Y)】的选择范围理应为数据结果区，但因为最后两列是最高值、最低值，不需要通过折线图来展示，故此处的选择范围是B4:M4，【类别标签】选择数据结果区的"1月-12月"所在单元格B3:M3。

STEP 04　切换到【行为】选项卡中的【刻度】标签，具体操作设置如图3-25所示。

图3-25　"折线图"部件属性对话框（【行为】选项卡）

（1）刻度：为保证数据之间的可比性，根据所有数据的上下限范围，输入一个接近的整数，即固定(Y)轴刻度。本例中，在【手动(Y)轴】下方的【最小限制】（即最小值）处输入"100"，【最大限制】（即最大值）处输入"106"。

（2）等分点：将最小与最大值之间的刻度平均分配显示，能够让用户更方便地看出每个数据点所对应的刻度。本例中，将等分点设置为6等分，则实现刻度以一个单位的方式进行递增，在【等分点数】右侧输入"6"。

【行为】选项卡下的其他标签则保持其默认设置。

STEP 05　折线图的属性设置完毕，关闭属性对话框。

6. 设置"量表"部件

STEP 01　从部件浏览器的【单值】中选择"量表"部件，如图3-26所示，依照设计草图布局，用鼠标选中并将其拖入画布右下部分相应位置，这个量表用来显示某一地区的最低值。

STEP 02　在"量表"部件上单击鼠标右键，选择【属性】，弹出量表的属性对话框，【常规】选项卡的具体操作设置如图3-27所示。

第3章 Show出你的数据

图3-26 "量表"部件　　图3-27 最低值"量表"部件属性对话框（【常规】选项卡）

（1）标题：在栏右侧单击【单元格选择器】按钮，选中数据结果区的"最低值"所在单元格O3。

（2）数据：选择【按指示符】，【名称】选择单元格O3，【值】选择单元格O4。

（3）值范围：选择【手动】，根据所有数据的上下限范围，输入一个接近的整数，这里我们定义【最小限制】为"100"，【最大限制】为"106"。数值的设置可根据需求确定，但应该让数据源的取值都落在这两个数值范围内。

STEP 03 重复前两个步骤，添加一个新量表用以显示最高值。除此之外，也可以使用复制粘贴的方式快速添加一个相同的部件，此时，只需要修改相关参数即可。具体操作如下。

（1）用鼠标选中"最低值"量表，按【Ctrl+C】组合键，在画布空白地方按【Ctrl+V】键，得到一个相同的量表，将其移动到适当位置。选中这个复制的量表，单击鼠标右键，选择【属性】，打开属性对话框。

（2）【常规】选项卡的设置如图3-28所示。

★ 标题：选择数据结果区的"最高值"所在单元格N3。

★ 数据：选择【按指示符】，【名称】选择单元格N3，【值】选择单元格N4。

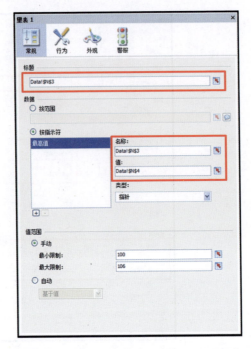

图3-28 最高值"量表"部件属性对话框(【常规】选项卡)

5. 设置标题

STEP 01 从部件浏览器的【文本】中选择【标签】,将其拖入画布中可视化模型上方,这个标签用来显示该可视化模型的标题。

STEP 02 在"标签"部件上单击鼠标右键,选择【属性】,弹出标签的属性对话框。
(1)【常规】选项卡的具体设置操作如下。

★ 文本:单击【单元格链接】右侧的【单元格选择器】按钮,选中原始数据区的标题所在单元格A8:O8。

(2)【外观】选项卡的具体设置操作如下。

★ 布局:取消勾选【自动换行】和【显示边框】前面的复选框。

★ 文本:设置文本格式为"微软雅黑",字号为"22"。

STEP 03 复制粘贴这个标题标签,并移至"电子表格"上方,将其作为左侧地区列表的标题名称。

STEP 04 在"文本标签"部件上单击鼠标右键,选择【属性】,弹出标签的属性对话框。
(1)常规:单击【输入文本】,并在下面的文本框中直接输入"地区名称"。
(2)外观:将文本字体设置为"微软雅黑",字号为"16"。

Mr.林:至此,一个可视化模型的主要部分已完成,接下来就可以对其布局进行调整,如添加饰图、背景等,在此就不做详细介绍了。

第3章 Show出你的数据

小白，现在就是见证奇迹的时刻，我们一起预览一下这个可视化模型的成果吧。单击菜单栏上的【文件】主菜单，选择【预览】，或按快捷键【Ctrl+Enter】，就可以看到动态化的数据展示了，如图3-29所示。现在试着单击选择左侧电子表格的地区名称，就可以看到右侧的折线图和量表内的指针都可以相应地动起来。

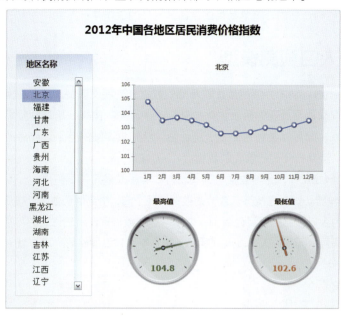

图3-29　居民消费价格指数模型结果

此时，小白的兴奋之情已经溢于言表。

Mr.林：很兴奋吧！不过我们还差一步呢。

小白：对，要把可视化模型导出为仪表盘文件。

⊙ 将可视化模型导出为仪表盘文件

Mr.林：是啊，确认各个部件设置无误后，就可以将可视化模型导出为仪表盘文件。

单击菜单栏上的【文件】主菜单，选择【导出】，即看到所有可以导出的文件格式，从中选择【PowerPoint幻灯片…】，然后在弹出的保存对话框中选择保存位置，并输入文件名，即可保存成功。

此外，水晶易表工具栏也预设了四种常用的导出格式，以便快速导出模型，如图3-30所示。

图3-30　导出工具栏

单击导出工具栏中的【发送至PowerPoint】按钮，即可导出如图3-29所示的仪表盘文件。

Mr.林：现在，一个可视化模型就大功告成，正式出炉了。

小白感叹道：虽然说起来只有简单的四步，但是做起来却要下一番功夫啊。

Mr.林：呵呵，是的，简单易用的设计其背后的工作并不简单。

3.3.2 人口预测模型

Mr.林：小白，刚才介绍的是比较基础的数据查询展现模型，但是在实际工作中，往往数据查询和数据展现的需求会更加复杂或多元化。例如，用户希望点击统计图中的某个数据点，就可以看到另外一个统计图，获知更详细的结果，或者通过某个部件的开关控制，选择性查阅所展现的数据。

小白：哇，Mr.林，这种数据查询展现方式听起来很棒，很实用。

Mr.林：没错，因为它能够有效节约数据展现空间，提高展现效率，增强互动效果。现在就以国内人口预测的可视化为例，来学习这种数据查询展现方式的可视化模型。这个模型要解决两个问题：人口发展现状、未来几年人口发展趋势。现在就一起来看看如何实现。

小白：好。

◎ 可视化模型设计

Mr.林：首先要明确需求和目的，这个可视化模型主要用于展现人口分布现状与预测人口增长，通过刻度盘调整不同的增长率，在统计图形中实时展现未来的人口发展趋势。

★ 趋势的表现方式通常使用折线图或柱形图。对于年度数据，为了区分实际人口和预测人口，采用两者结合的图形，比如组合图（折线图+柱形图），实际人口用折线图展现，预测人口用柱形图展现。对于地区分布数据，则采用柱形图，使其清晰地表现各地区人口分布情况。

★ 增长率属于单值，并且这里要求用户可以自行调整，因此考虑采用具有输入单值功能的图形，如滑块、刻度盘、值等，综合考虑，刻度盘较为适合。

确定好表现方式，根据构思在纸上画出可视化模型的设计草图，如图3-31所示。

◎ 建立Excel模型

Mr.林：在Excel模型中，我们还是分为原始数据区、数据交互区和数据结果区，这样能够在创建可视化模型时提高效率，并且不容易出错。完成的Excel模型如图3-32所示，其中：

第3章　Show出你的数据

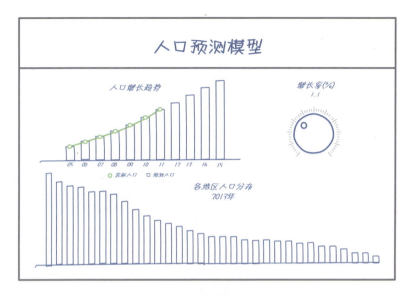

图3-31　人口预测模型设计草图

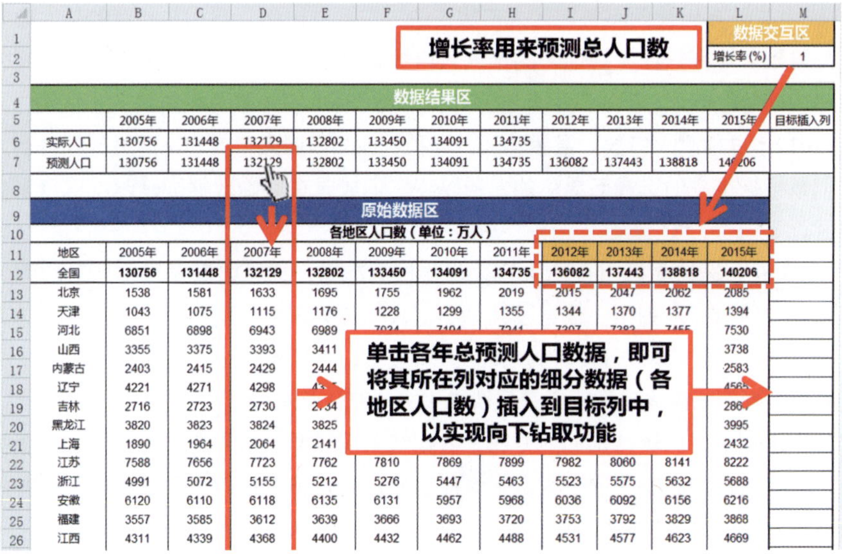

图3-32　人口预测Excel模型

★ 原始数据区的范围是A10:L43，主要包括2005—2011年人口数（B12:H43）和2012—2015年的人口预测数（I12:L43）。
★ 数据交互区的范围是L2:M2，主要用于输入增长率数值。
★ 数据结果区的范围是A5:L7和M11:M43，主要包括全国人口数的引用（B6:L7）及各地区人口数的引用（M11:M43）。

127

Mr.林：这个Excel模型的工作方式，如图3-33所示。

图3-33 人口预测Excel模型的工作方式

（1）用户可以自行决定增长率的数值，并将其放置在数据交互区。

（2）根据增长率和实际人口数，通过公式计算出下一年的人口数。例如，2012年人口数的预测公式为：2011年人口数×（1＋增长率%）。

（3）先计算出前两年各地区人口数占总人口数的比例，然后将预测的总人口乘以比例分摊到各地区，作为各地区的预测人口数。例如2012年北京市人口数的预测公式为（2010年北京市人口数＋2011年北京市人口数）÷（2010年总人口数＋2011年总人口数）×2012年总预测人口数。虽然总人口数和各地区预测人口数均可通过计算得到，但是它们是根据用户的选择而显示的，所以将它们放置在原始数据区，以便引用到数据结果区。

（4）在数据结果区引用总人口数，并根据选择，把原始数据区中所对应列的数据引用到"目标插入列"。根据设计草图，数据结果区需要引用原始数据区的总人口数，并且分两行显示。一行作为"实际人口数"，以显示过去的人口增长情况；另外一行则包括预测的总人口数，用来反映未来人口变化趋势。

这个示例中，比较特别的地方在于数据结果区需要引用所选年份对应的列数据，因此，为了与原始数据区的地区标签对应起来，此处把数据结果区设计成列的方式，便于在可视化模型中进行引用。

小白：明白了。完成这个Excel模型，就可以开始创建可视化模型了吧？

◎ 创建水晶易表可视化模型

Mr.林：是的。这个可视化模型中，会涉及以下几个关键的操作。

★ 组合图的设置：水晶易表软件的组合图实际上是将折线图和柱形图同时显示在一个统计图中。本例中，它主要用于实际人口与预测人口两个数据系列的显示，实际人口用折线图展现，预测人口用柱形图展现。

第3章　Show出你的数据

- ★ 柱形图的设置：本例中，柱形图主要用于显示各地区人口分布情况，当用户在组合图中点击柱形图各柱子的不同年份时，柱形图的显示也发生变化。
- ★ 刻度盘的设置：本例中，刻度盘用于输入增长率。
- ★ 向下钻取功能的应用：在2011版水晶易表中，该功能也称为数据插入，主要用于根据用户的不同选择将特定数据插入到目标单元格中。本例中，该功能主要体现在点击组合图中柱形图的各柱子，可以查看不同年份各地区人口分布情况。

Mr.林：好啦，我们开始创建水晶易表可视化模型。

1. 导入Excel模型

在水晶易表中新建一个空模型，通过工具栏上的【导入】图标，打开选择文件对话框，选中Excel模型文件"人口预测模型.xls"后，单击【打开】按钮，将该Excel模型导入水晶易表中。

2. 设置"组合图"部件

Mr.林：根据设计草图，使用组合图展现"人口增长趋势"。

STEP 01　从部件浏览器中的【统计图】类别找到【组合图】部件，如图3-34所示，依照设计草图布局，用鼠标选中该部件并将其拖入右侧画布相应位置。

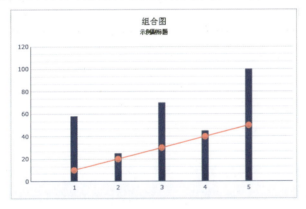

图3-34　"组合图"部件

STEP 02　打开【组合图】部件属性对话框，并对【常规】选项卡进行设置，如图3-35所示。

（1）标题：在【统计图】文本框中直接输入"人口增长趋势"。

（2）数据

- ★ 选取【按系列】，单击【类别标签】上方的"+"号，添加新的数据系列。
- ★ 对于【名称】区域，选择数据结果区的"实际人口"所在单元格A6；对于【值】区域，选择数据结果区的单元格B6:H6。

图3-35 "组合图"部件属性设置(【常规】选项卡)

★ 再次单击"+"号,添加"预测人口"序列,在【名称】区域选择数据结果区的"预测人口"所在单元格A7,在【值】区域选择数据结果区的单元格B7:L7。

★ 【类别标签】选择数据结果区的"年份"所在单元格B5:L5。

STEP 03 切换到【插入】选项卡,设置向下钻取的功能。

小白:Mr.林,请问什么是"向下钻取"呢?

Mr.林:好问题。所谓"向下钻取",是指让统计图带有选择器的功能。具体来讲,就是当用户单击统计图中的某个部分时,它会将特定的数据输入到Excel模型中指定的单元格。然后,可以使用其他统计图或电子表格部件显示更详细的信息。"向下钻取"的功能在2011版水晶易表软件中虽然改称为"数据插入",但是操作过程都是一样的。

本例中向下钻取的具体操作与设置如图3-36所示。

(1)启用数据插入:勾选此复选框以激活该功能。

(2)系列

第3章 Show出你的数据

图3-36 "组合图"部件属性设置(【插入】选项卡)

★ 单击【预测人口】,在【源数据】中选择需要钻取的数据区域。本例中,选择原始数据区的所有数据,即B11:L43。

★ 目标:选择数据结果区的M11:M43。

(3)交互选项:【插入方法】选择"鼠标单击"。

(4)默认选择

★ 系列:选择"预测人口"。

★ 条目:选择初始的条目项,本例中,选择2013年数据所在的位置,即"条目9"。

STEP 04 切换到【外观】选项卡,具体操作与设置如图3-37和图3-38所示。

(1)启用图例

★ 在【布局】标签下,勾选【启用图例】复选框以激活其下面的选项。

★ 勾选【允许运行时隐藏/显示统计图系列】复选框可让用户选择显示或隐藏不同的数据系列,增强交互体验。

★ 【交互】方式选择"复选框"。

(2)设置图形

★ 在【系列】标签下,选择【实际人口】的类型为"折线",形状为"圆形",并设置适合的颜色。

★ 选择【预测人口】的类型为"柱形",并设置合适的颜色。

图3-37 "组合图"部件属性设置(【外观】选项卡→【布局】标签)

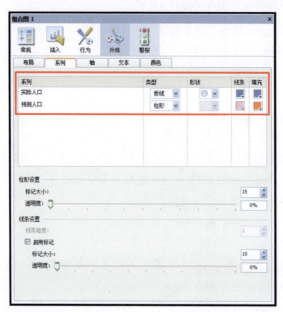

图3-38 "组合图"部件属性设置(【外观】选项卡→【系列】标签)

第3章　Show出你的数据

STEP 05 设置完成后，关闭"组合图"部件的属性对话框。

2. 设置"刻度盘"部件

Mr.林： 小白，还记得上个示例中，我们用到的"量表"部件吗，你能说说"量表"和我们即将用到的"刻度盘"有什么差别吗？

小白： "量表"主要是用来显示数值的，而"刻度盘"主要用来输入数值。

Mr.林： 没错。在通常情况下，我们会采用"刻度盘"部件让用户输入或调整数值，而采用"量表"部件输出一个数值。关于量表的更多应用稍后也会讲解。现在，我们继续设置"刻度盘"部件。

STEP 01 从部件浏览器的【单值】类别中找到"刻度盘"部件，如图3-39所示，依照设计草图布局，用鼠标选中并将其拖入右侧画布的相应位置。

图3-39　"刻度盘"部件

STEP 02 打开"刻度盘"部件属性对话框，对【常规】选项卡进行设置，如图3-40所示。

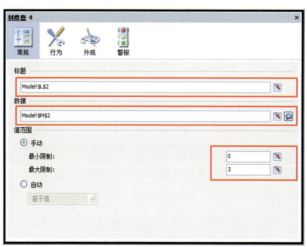

图3-40　"刻度盘"部件属性设置（【常规】选项卡）

（1）标题：选取数据交互区"增长率(%)"标题所在单元格L2。

（2）数据：选取数据交互区"增长率(%)"数值所在单元格M2。

（3）值范围：由于增长率有范围限制，因此，为了使预测值具有参考意义，需要对增长率设置上下限。本例中，将【最小限制】设置为0，【最大限制】设置为3，表示增长率将在0~3%范围内变动。

STEP 03　切换到【行为】选项卡，具体操作设置如图3-41所示。

图3-41　"刻度盘"部件属性设置（【行为】选项卡）

（1）指针移动：选取"递增"，并在后面输入"0.1"，表示从最低值以0.1个单位逐步增加。

（2）启用交互：勾选【启用交互】复选框以激活用户交互功能。

（3）启用播放按钮：设置【播放时间（秒）】为"10"，表示数值将在10秒之内从最低值自动变化到最高值，这个功能在做趋势演示时非常实用。

STEP 04　设置完成后，关闭"刻度盘"部件的属性对话框。

6. 设置"柱形图"部件

Mr.林：小白，"柱形图"部件主要用于展示各地区的人口数分布，它将根据我们在组合图中柱形图所选的年份柱子自动变化，你来试着设置一下吧。

小白：好的。

STEP 01　从部件浏览器中的【统计图】类别找到"柱形图"部件，如图3-42所示，依照设计草图布局，用鼠标选中该部件并将其拖入右侧画布下方相应位置中。

第3章　Show出你的数据

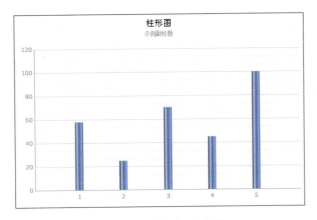

图3-42　"柱形图"部件

STEP 02 打开【柱形图】部件属性对话框，并进入【常规】选项卡，具体操作设置如图3-43所示。

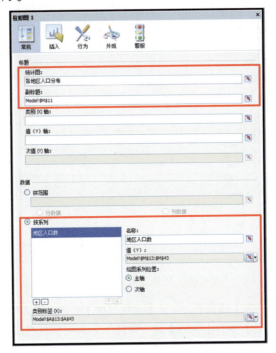

图3-43　"柱形图"部件属性设置（【常规】选项卡）

（1）标题
★ 在【统计图】中直接输入"各地区人口分布"。
★ 在【副标题】中选取数据结果区向下钻取的目标单元格M11，表示该副标题随不同的年份而变动。

135

（2）数据
- ★ 选取【按系列】，单击【类别标签】上方的"＋"号，添加新的系列。
- ★ 名称：直接输入"地区人口数"。
- ★ 值：选择数据结果区向下钻取的目标单元格M13:M43，以显示选择向下钻取的不同年份的各地区人口数。
- ★ 类别标签：选择原始数据区的"地区"所在单元格A13:A43。

Mr.林：非常好。此外，为了让整个图形更具可读性，我们可以设置让柱形图中的数据按降序排列，具体操作及设置如图3-44所示。

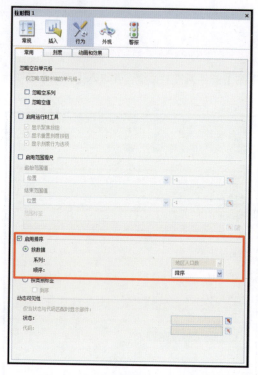

图3-44　"柱形图"部件属性设置（【行为】选项卡）

STEP 03　切换到【行为】选项卡，勾选【启用排序】前面的复选框以激活该选项，设置【按数据】下的【顺序】为"降序"，即可实现柱形图中的数据降序排列。

STEP 04　设置完成后，关闭"柱形图"部件的属性对话框。

5. 设置标签和背景

Mr.林：现在，这个可视化模型的内容基本完成了，只要加上标签和背景就可以导出。

第3章　Show出你的数据

STEP 01　从部件浏览器的【文本】类别中找到"标签"部件，将此部件放置在"国内人口增长趋势"组合图的左上方，并打开其属性对话框。

STEP 02　在【常规】选项卡中选择【输入文本】单选按钮，在其下方的文本框中输入"（单位：万人）"，如图3-45所示。

图3-45　标签部件属性设置（【常规】选项卡）

STEP 03　复制粘贴该标签，并将其移至"各地区人口分布"柱形图的左上方。

STEP 04　在画布上空白的地方双击，打开画布属性对话框。

STEP 05　调整画布的颜色和类型，具体操作设置如图3-46所示。

（1）类型：选择"渐变"。

（2）背景颜色1：选择"浅绿色"，该颜色将显示在画布的上方。

（3）背景颜色2：选择"浅橙色"，该颜色将显示在画布的下方。

图3-46　设置画布属性

Mr.林： 类型和背景颜色可根据自己的喜好进行选择设置。好了，预览并测试一下，确认没有问题就可以导出为仪表盘文件。

小白： 哈哈，就要大功告成了！

◎ 将可视化模型导出为仪表盘文件

Mr.林： 通过菜单栏单击【文件】→【导出】，选择【PowerPoint幻灯片…】，即可将可视化模型导出为仪表盘文件，如图3-47所示。

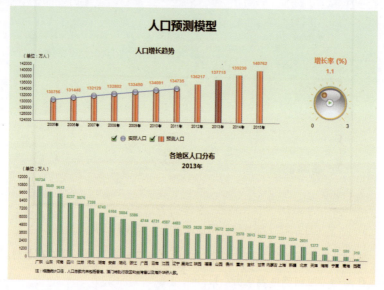

图3-47　国内人口预测模型结果展示

Mr.林： 小白，你自己试试，体验一下向下钻取的功能吧。

小白点击着"人口增长趋势"柱形图中不同年份的柱子，看到下面的"各地区人口分布"数据也随之变化，喜不自胜。

3.3.3　丈母娘选女婿模型

Mr.林： 呵呵，小白，我知道你现在肯定想用水晶易表做出"丈母娘选女婿"这个模型吧！

小白激动地说： 是啊，我都已经迫不及待了。

Mr.林： 呵呵，心急吃不了热豆腐，我们来探讨一下这个模型的制作吧。首先，要明确做这个模型的目的。小白，你说说我们为什么要做这个模型？

小白一看机会来了，清了清嗓子： 这个模型的主要目的是让丈母娘通过一系列评估指标，筛选出优质候选对象，然后再让他和女儿有更进一步的了解和交往。

Mr.林： 那么你打算怎样设计可视化模型呢？

第3章　Show出你的数据

🎯 可视化模型设计

小白：根据微博上看到的丈母娘的评估表，我觉得这个模型可以从丈母娘对候选对象的考量要求入手，大致可以分成两个维度：一个是候选对象的基本条件，如身体情况、教育经历等；另外一个就是经济实力，如职业、收入、固定资产等。

Mr.林：要怎样建立它们之间的关系呢？

小白：可以用您教我的综合评价法，即根据丈母娘的要求，将候选对象的各个指标条件进行量化赋值，然后根据各个指标条件的重要性进行加权求和，得到一个综合分数，再判断这个分数是否满足丈母娘的要求。

Mr.林满意地点点头：你的思路是正确的，我们就来看看具体如何设计这个可视化模型。

★ 基本条件和经济实力各指标的数据可以采用能自行输入或用下拉菜单选择的部件，比如属于单值部件的微调框或值，还有属于选择器部件的组合框都比较适合。

★ 分数考虑采用量表、值等单值部件，另外，为了提高易读性，可以设置颜色以直观地看出分数是否合格。综合考虑，使用量表+警报功能较为合适。

★ 为了体现各指标之间的关系，可以使用直线将同类条件下的各指标连接汇总，使整个结构关系更加清晰易懂。

最后，根据模型构思在纸上简要画出可视化模型的设计草图，如图3-48所示。

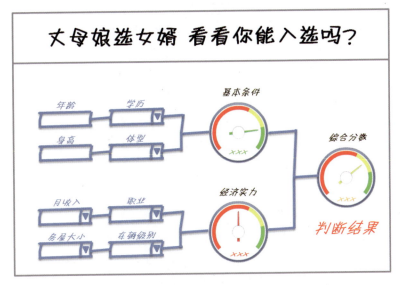

图3-48　"丈母娘选女婿"模型设计草图

建立Excel模型

小白：Mr.林，接下来，就是建立Excel模型了吧？把Excel模型分成原始数据区、数据交互区和数据结果区，分别在各自的区域建立相关内容。

Mr.林：没错，完成的Excel模型如图3-49所示。其中：

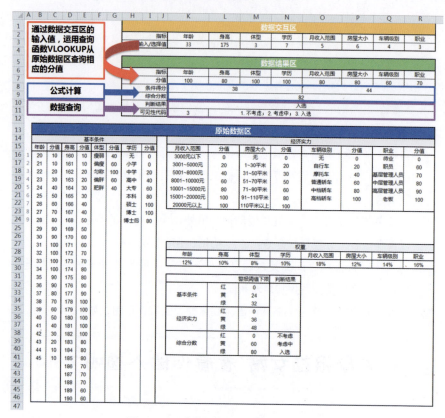

图3-49 "丈母娘选女婿"Excel模型

★ 原始数据区的范围是B14:R46，主要包括各指标的备选项及其对应的分值（B14:I46和K14:R22）、权重的设置（K27:R29）、三大综合指标（基本条件、经济实力和综合分数）的警报阈值下限（M32:M40）和最终判断结果（N38:N40）。

★ 数据交互区的范围是H2:R3，主要包括各指标的输入值。

★ 数据结果区的范围是H6:R11，主要包括各指标所选项对应的分值（K7:R7）、基本条件与经济实力的加权值（K8:R8）、综合分数（K9:R9）、最终判断结果（K10:R10）以及为可视化模型中部件设置的可见性代码（K11）。

这个Excel模型的工作方式可以描述成如图3-50所示的流程。

第3章　Show出你的数据

图3-50　"丈母娘选女婿"Excel模型工作方式

STEP 01 用户可以自行输入各指标数值或从指标备选项中做出选择。除"年龄"和"身高"这两个指标是直接输入数值以外,其他指标的所选项均以在备选项下拉列表中的位置序号(1、2、3……)为结果插入到数据交互区的相应单元格中。

STEP 02 根据输入的数据,使用查询函数VLOOKUP找到所选项对应的分值。其中以文字作为备选项的指标,需要以其下拉框列表中位置序号(1、2、3……)作为匹配的关键字段,故在A16:A24区域增加一列1~9的自然数序列,作为"体型"、"学历"、"月收入范围"、"房屋大小"、"车辆级别"、"职业"共有的匹配关键字段,故把A16:R24定义为公共查询矩阵,定义名称为"ID",各指标分值查询的公式设置如图3-51所示。

年龄	=VLOOKUP(K3,B16:C41,2,FALSE)	月收入范围	=VLOOKUP(O3,ID,12,FALSE)
身高	=VLOOKUP(L3,D16:E46,2,FALSE)	房屋大小	=VLOOKUP(P3,ID,14,FALSE)
体型	=VLOOKUP(M3,ID,7,FALSE)	车辆级别	=VLOOKUP(Q3,ID,16,TRUE)
学历	=VLOOKUP(N3,ID,9,FALSE)	职业	=VLOOKUP(R3,ID,18,FALSE)

图3-51　各指标分值查询公式

STEP 03 根据所选项对应的分值,分别乘以各指标的权重,可得到综合指标的加权值,最后加总得到综合分数。此外,将各分值四舍五入为整数,使结果清晰易读,具体公式设置如图3-52所示。

STEP 04 将综合分数在其预设分值段进行查询,返回判断结果。此外,同时将该结果在原始数据区判断结果列表中的位置显示出来,作为可见性代码设置之用,具体公式设置如图3-53所示。

141

基本条件	=ROUND(SUMPRODUCT(K7:N7,K29:N29),0)
经济实力	=ROUND(SUMPRODUCT(O7:R7,O29:R29),0)
综合分数	=K8+O8

图3-52　综合指标计算公式

判断结果	=VLOOKUP(K9,M38:N40,2,TRUE)
可见性代码	=MATCH(K10,N38:N40)

图3-53　判断结果与可见性代码的计算公式

小白：Mr.林，我发现这个Excel模型主要应用了VLOOKUP函数对数据进行查询，是吗？

Mr.林：是的，VLOOKUP函数不仅在数据查询方面非常强大，对于区间比较大的数据，也可以采用这个函数进行模糊匹配实现分段赋值。

好啦，现在这个Excel模型完成了，接下来就可以开始设计可视化模型。

◉ 创建水晶易表可视化模型

Mr.林：首先，我们来看看，在这个可视化模型中都会涉及哪些关键的操作。

★ **微调框的设置**：微调框主要用于输入数值，用户可通过单击向上和向下箭头或在框中直接输入数值来与"微调框"所链接的单元格进行交互。本例中，该部件主要用于"年龄"和"身高"的数据输入。

★ **组合框的设置**：组合框也称下拉菜单，单击其右侧的下三角形，则显示一个垂直下拉的选项列表，供用户选择。本例中，该部件主要用于"职业"、"学历"等指标的选择。

★ **关系线的设置**：关系线用于连接各个相关的指标部件，使用户能够清晰地看到各指标部件之间的联系。在水晶易表软件中，水平线和垂直线充当了关系线的角色。

★ **量表警报功能的应用**：给量表增加警报功能，提醒用户当前数值所对应事物的状态。这一功能使得量表更具可读性和警示性。

★ **动态可见性功能的应用**：根据不同状态，显示不同的部件，增强互动效果，提高用户体验。

小白：Mr.林，这些关键操作都怎么设置呢？

第3章　Show出你的数据

Mr.林：别着急，这些操作在下面会陆续介绍。现在就来建立"丈母娘选女婿"可视化模型。

1. 导入Excel模型

在水晶易表中新建一个空模型，单击工具栏上的【导入】图标，打开选择文件对话框，选中要导入的Excel模型"丈母娘选女婿模型.xls"后，单击【打开】按钮，将Excel模型文件导入到水晶易表中。

2. 设置"微调框"部件

STEP 01 从部件浏览器的【单值】类别中找到"微调框"部件，如图3-54所示，依照设计草图布局，用鼠标选中该部件，并将其拖入右侧画布的相应位置。

图3-54　"微调框"部件

STEP 02 打开"微调框"部件属性对话框，【常规】选项卡的设置如图3-55所示。

（1）标题：选取数据交互区"年龄"标题所在的单元格K2。

（2）数据：选取数据交互区"年龄"数值所在的单元格K3。

（3）值范围：由于年龄是有范围限制的，因此，从原始数据区中，选择相应的最小值和最大值作为数值输入范围，即通过【单元格选择器】按钮，分别将【最小限制】链接到单元格B16，将【最大限制】链接到单元格B41。

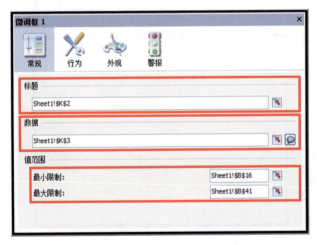

图3-55　"年龄"微调框部件的属性设置（【常规】选项卡）

STEP 03 切换到【行为】选项卡的【常用】标签，具体操作设置如图3-56所示。

（1）递增：设置递增数据步长为1。

（2）启用交互：勾选该复选框，使该部件具备数据交互特性。

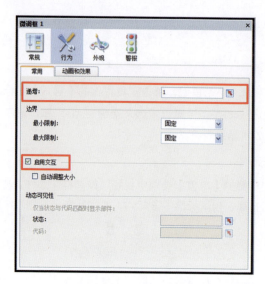

图3-56 "年龄"微调框部件的属性设置(【行为】选项卡)

STEP 04 设置完成后,关闭"微调框"部件的属性对话框。

Mr.林:小白,"身高"指标也采用"微调框"部件来呈现,现在由你来尝试操作设置。

小白:好。使用复制粘贴的方式快速添加一个相同的"微调框"部件,然后,只需要修改相关参数即可。在这个例子中,修改的地方主要是【常规】选项卡,具体操作如图3-57所示。

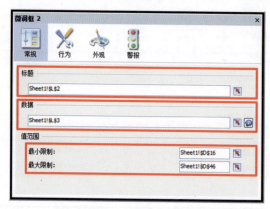

图3-57 "身高"微调框部件属性设置(【常规】选项卡)

(1)标题:选取数据交互区"身高"标题所在的单元格L2。
(2)数据:选取数据交互区"身高"数值所在的单元格L3。
(3)值范围:【最小限制】链接到单元格D16,【最大限制】链接到单元格D46。
其他选项卡设置保持不变,确认设置无误并关闭"微调框"部件的属性对话框。

第3章 Show出你的数据

Mr.林看到小白的熟练操作，赞许地说：非常好。

小白不好意思地吐了下舌头：不过是照猫画虎，重复了一下您刚才的操作。

3. 设置"组合框"部件

Mr.林：接下来设置"学历"这个指标。这个指标下包含一些预先设定好的选项，因此，像这一类具有预设选项的指标，采用选择器中的"组合框"部件是较为适当的。

STEP 01 从部件浏览器的【选择器】类别找到"组合框"部件，如图3-58所示，依照设计草图布局，用鼠标选中它，并将其拖入右侧画布的相应位置。

图3-58 "组合框"部件

STEP 02 打开"组合框"部件属性对话框，【常规】选项卡的设置如图3-59所示。

图3-59 "学历"组合框部件属性设置（【常规】选项卡）

（1）标题：选取数据交互区的"学历"标题所在的单元格N2。

（2）标签：从原始数据区中选取"学历"指标备选项所在的单元格H16:H24。

（3）插入类型：该选项选取"位置"。

（4）目标：把所选项在整个备选项列表中的位置插入到数据交互区中"学历"所对应的单元格，本例将【目标】链接到单元格N3。

STEP 03 切换到【行为】选项卡的【常用】标签,对组合框的初始状态进行设置。在【条目】项目中,将"标签7"(硕士)作为"学历"组合框的初始所选项,其他选项保持默认状态,如图3-60所示。

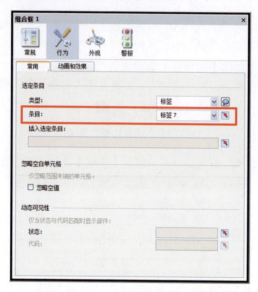

图3-60 "学历"组合框部件属性设置(【行为】选项卡)

STEP 04 完成一个组合框的设置后,通过多次的复制粘贴,可以快速创建其他指标的组合框部件,再根据需要,修改不同指标在各选项卡中的相关设置即可。具体操作可参考如图3-61所示的参数设置表。

选项卡	常用	行为
体型	【标题】链接到 "M2" 【标签】链接到 "F16:F20" 【目标】链接到 "M3"	【条目】选取 "标签3" (匀称)
月收入范围	【标题】链接到 "O2" 【标签】链接到 "K16:K22" 【目标】链接到 "O3"	【条目】选取 "标签5" (10001~15000元)
房屋大小	【标题】链接到 "P2" 【标签】链接到 "M16:M22" 【目标】链接到 "P3"	【条目】选取 "标签5" (71~90平米)
车辆级别	【标题】链接到 "Q2" 【标签】链接到 "O16:O21" 【目标】链接到 "Q3"	【条目】选取 "标签4" (普通轿车)
职业	【标题】链接到 "R2" 【标签】链接到 "Q16:Q21" 【目标】链接到 "R3"	【条目】选取 "标签4" (中层管理人员)

图3-61 其他指标组合框部件参数设置表

第3章 Show出你的数据

6. 设置"量表"部件

Mr.林：刚才已为指标输入部件与数据交互区建立连接设置，现在要为展示部件与数据结果区建立连接设置。根据设计草图，将采用量表+警报功能来完成数据结果的展示。

小白：什么是警报功能呢？

Mr.林：呵呵，等一下你就知道了。还记得我们在前面的示例中提到的"量表"部件吗？它是在可视化模型中出镜率较高的部件之一，用户能通过指针位置快速查看当前数值在整个数据范围内所处的位置，增加上警报功能，就更具可读性和警示性了，它相当于Excel中的条件格式功能。

首先，我们对"基本条件"这个量表进行设置。

STEP 01 从部件浏览器的【单值】类别中找到"量表"部件，依照设计草图布局，用鼠标选中此部件并将其拖入右侧画布相应的位置。

STEP 02 打开【量表】属性对话框，对【常规】选项卡的设置如图3-62所示。

图3-62 "基本条件"量表部件属性设置（【常规】选项卡）

（1）标题：选取原始数据区的"基本条件"标题所在的合并单元格B14:I14。

（2）数据：选择【按指示符】，【名称】选取原始数据区的"基本条件"标题所在的合并单元格B14:I14，【值】选择"基本条件"计算结果所在合并单元格K8:N8。

（3）值范围：在Excel模型中，设置了"基本条件"的权重为40%，因此，"基本条件"的分值范围为[0,40]。选择【手动】,设置【最小限制】为"0",【最大限制】为"40"。

Mr.林: 接下来,我们就要为这个量表添加警报的功能了。在水晶易表中,警报主要用于提醒用户当前数值已经达到预设值,这些预设值通常会用目标、预算等来设置,是评估当前数值所对应状态的参照标准。

STEP 03 切换到【警报】选项卡,对量表的警报功能进行设置,具体操作与设置如图3-63所示。

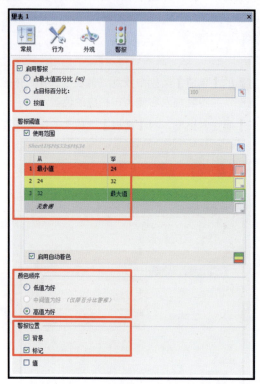

图3-63 "基本条件"量表部件属性设置(【警报】选项卡)

(1)启用警报:勾选【启用警报】复选框,选择【按值】,则可以自定义警报阈值。

(2)警报阈值:是指根据需求,对不同警示区域的边界预先设置好的一个数值,也称警报临界值。在水晶易表中,警报阈值的定义为:下限值≤真实值<上限值。

警报阈值可以通过单元格链接的方式或手工输入的方式进行定义。本例采用通过单元格链接的方式定义警报阈值。

先勾选【使用范围】复选框,通过【单元格选择器】按钮选取"基本条件"警报阈值所在单元格M33:M34,它们将作为警报阈值的下限。注意,这里不用选择第一个警报

第3章　Show出你的数据

阈值下限，因为水晶易表已经默认从最小值开始到第一个警报阈值作为第一警报区。

（3）颜色顺序：选择【高值为好】。

（4）警报位置：选中【背景】和【标记】，分别表示在量表周边以及指针均显示警报颜色。

其他选项卡均保持默认状态，至此，第一个量表就制作完成了。

STEP 04　完成一个量表的设置后，仍然可以通过复制粘贴的方式，快速创建另外两个量表部件，并在各选项卡中进行相关设置，具体操作可参考如图3-64所示的参数设置表。

选项卡	常用	警报
经济实力	【标题】链接到合并单元格 "K14:R14" 【名称】链接到合并单元格 "K14:R14" 【值】链接到合并单元格 "O8:R8" 【最小限制】设定为 "0" 【最大限制】设定为 "60"	【警报阈值】链接到 "M36:M37"
综合分数	【标题】链接到 "J9" 【名称】链接到 "J9" 【值】链接到合并单元格 "K9:R9" 【最小限制】设定为 "0" 【最大限制】设定为 "100"	【警报阈值】链接到 "M39:M40"

图3-64　"经济实力"和"综合分数"量表参数设置表

5. 设置标签文本

小白：Mr.林，接下来该添加标题了吧！

Mr.林：在这个可视化模型中，一共有两个地方使用了标签文本，一个是标题，另外一个是综合分数量表下面显示的判断结果。

首先，设置"标题"标签的具体操作步骤如下。

STEP 01　从部件浏览器的【文本】类别中找到"标签"部件，依照设计草图布局，用鼠标选中此部件并将其拖入右侧画布的相应位置。

STEP 02　打开"标签"部件属性对话框，其操作与设置如图3-65所示。

（1）常规：选择【输入文本】，并输入"丈母娘选女婿 看看你能入选吗？"。

（2）行为：在【动画和效果】标签的【类型】中选择"向右擦除"，【持续时间（秒）】输入"2"。

（3）外观：字体采用"微软雅黑"，字号为"36"，颜色为"白色"。

其次，对于"判断结果"这个标签，其显示是动态的，即根据不同的分数显示不同的结果。本例中,"判断结果"共有三种情况,分别是"不考虑"(综合分数在60以下)、"考虑中"(综合分数在60～80之间),以及"入选"(综合分数在80及以上)。

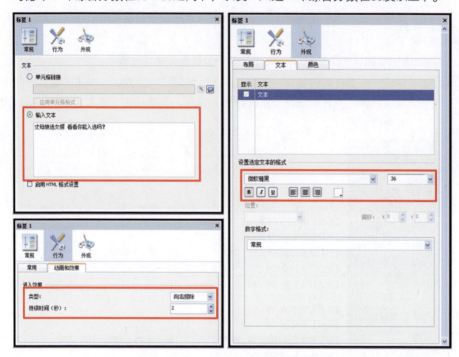

图3-65 "标题"标签的属性设置

我们先设置"不考虑"这个标签,具体操作步骤如下。

STEP 01 从部件浏览器的【文本】类别中找到"标签"部件,将其放置在"综合分数"量表下方的合适位置。

STEP 02 打开"标签"部件的属性对话框,其设置如图3-66所示。

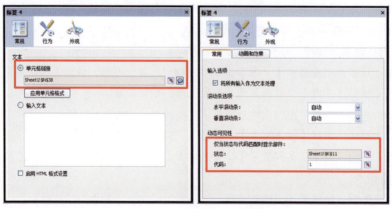

图3-66 "不考虑"标签的属性设置

第3章 Show出你的数据

（1）【常规】选项卡：选择【单元格链接】，通过【单元格选择器】链接到原始数据区的判断结果"不考虑"所在的单元格N38。

（2）【行为】选项卡：在【动画和效果】标签中的【动态可见性】区域，将【状态】链接到数据结果区的可见性代码所在的单元格K11，在【代码】框中输入"1"，即当K11单元格为1时，"不考虑"这个标签才会出现。

（3）【外观】选项卡：字体采用"微软雅黑"，字号为"32"，颜色为"红色"。

STEP 03 通过复制粘贴的方式，创建另外两个标签，分别作为"考虑中"和"入选"，并修改相关设置，具体操作可参考如图3-67所示的参数设置表。

选项卡	常用	行为
考虑中	【单元格链接】链接到"N39"	【动态可见性代码】输入"2"
入选	【单元格链接】链接到"N40"	【动态可见性代码】输入"3"

图3-67 "考虑中"和"入选"标签参数设置表

STEP 04 将这三个标签设置重叠在一起，并放置在"综合分数"量表的正下方。实际应用时，由于设置了动态可见性，这三个标签能够根据综合分数自动变化，每次只会出现一个标签，并且出现在同一位置上。

6. 设置饰图与背景

Mr.林：到了这里，这个模型的主要部分就完成了，我们只需要添加相应的关系线，美化一下模型就可以让它出炉了。根据设计草图，我们需要使用水平线和垂直线来充当关系线的角色，具体操作步骤如下。

STEP 01 从部件浏览器的【饰图和背景】类别中找到"水平线"部件，如图3-68所示，用鼠标选中该部件并将其拖入右侧画布中的适当位置，依照设计草图，连接"年龄"微调框与"学历"组合框，以显示它们之间的关系。

图3-68 "水平线"和"垂直线"部件

STEP 02 打开"水平线"部件属性对话框，操作设置如图3-69所示。

（1）线条颜色：设置为"橙色"。

（2）粗度：设置为"2"。

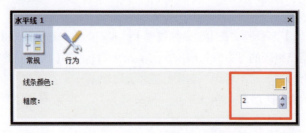

图3-69 "水平线"部件属性设置

STEP 03 对"水平线"部件进行复制粘贴操作，可根据需求做必要的属性修改（如修改线条颜色、粗细），再拖动到合适的位置上，并依照设计草图，连接其他指标部件。对"垂直线"部件也是如法炮制，具体过程不再赘述。

Mr.林： 最后，给画布添加一个背景，整个模型就算大功告成了。

STEP 04 在画布上空白的地方双击，即弹出【画布属性】对话框。

STEP 05 画布的属性设置非常简单，只需要调整颜色和类型即可，操作设置如图3-70所示。

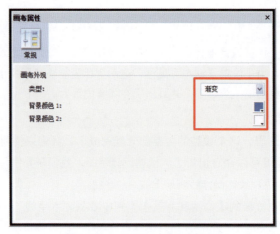

图3-70 "画布"的属性设置

（1）类型：选择"渐变"。
（2）背景颜色1：选择"蓝色"，该颜色将显示在画布的上方。
（3）背景颜色2：选择"白色"，该颜色将显示在画布的下方。

Mr.林： 好啦，现在我们一起预览下这个模型吧。

单击菜单栏上的【文件】主菜单，选择【预览】，就可以看到如图3-71所示的成果啦！

小白很兴奋地用鼠标做着选择，看看什么样的女婿能够入选。

第3章　Show出你的数据

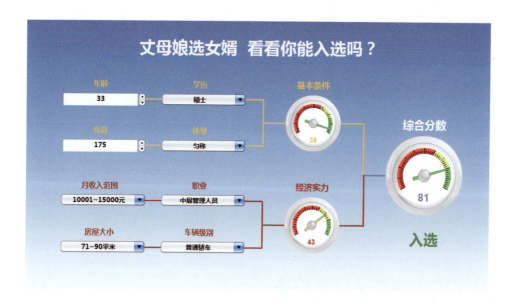

图3-71　"丈母娘选女婿"模型结果展示

🎯 **将可视化模型导出为仪表盘文件**

Mr.林：只要各个部件在预览中测试正常，就可以导出为仪表盘文件。通过菜单栏单击【文件】→【导出】→【PowerPoint幻灯片…】，即可将可视化模型导出为仪表盘文件。

小白：嗯，好的。

Mr.林：小白，相信你现在对可视化模型的制作过程有了更多的了解，或许目前学到的不能完全覆盖水晶易表软件的全部功能，但是对于日常应用来讲，基本足够了，再加上自己多揣摩，结合不同的部件，就能制作出实用大方的仪表盘。

小白：谢谢Mr.林的讲解，我会将这些内容灵活地应用到实际工作中。

3.4　本章小结

Mr.林：现在回顾下数据展现工具的知识点。

★ 了解什么是数据可视化、数据可视化的意义，以及一些数据可视化的工具与资源。

★ 熟悉水晶易表的特点、工作原理、安装要求，以及一些常用的水晶易表部件。

★ 通过建立居民消费价格指数模型、人口预测模型、丈母娘选女婿模型三个水晶易表可视化模型，学习了创建水晶易表的四个步骤。掌握水晶易表中统计图、选择器、单值、文本、背景、饰图等部件的制作过程与技巧。

小白： 这回学到的东西很炫很实用，辛苦Mr.林啦！

Mr.林： 小白，对于可视化模型，你要记住，无论它的功能有多强大，界面有多漂亮，归根结底，最基础的东西还是数据模型。因此，可视化模型只能作为数据展现的一个强有力工具来使用，在真正进行数据分析时，还是需要扎实的分析基础和敏锐的洞察力。

小白： 明白。我一直在努力提高数据分析的能力，现在我又学到了数据展现的方法，把两者结合起来，然后做出一个适合我的"丈母娘选女婿"模型。

Mr.林： 哦！现在有目标啦？

小白故作神秘： 不告诉您。

说完，小白笑嘻嘻地离开Mr.林的办公室……

第 4 章

让报告自动化

小白自从进了运营分析部门，工作就越来越忙，每天有做不完的通报，做完日报做周报，做完周报做月报，忙得晕头转向。

Mr.林也看出小白最近都在忙日常通报的工作，于是关心地问道：小白，最近工作还顺利吗？有什么困难没有？

小白兴致不高的样子：还好吧。也没其他困难，就是日常通报这种工作琐碎、重复，让人有些麻木了。

Mr.林：我告诉过你，数据分析首要的作用就是进行现状分析，日常通报就是最好的体现，它是企业运营的一项重要工作，虽然琐碎、重复，但是必不可少。

如果把企业比作一架A380飞机，那么我们的日常通报就是飞机驾驶舱的仪表盘，如果飞行员没有了仪表盘的指引，就无法驾驶飞机在蓝天中飞行。同理，如果没有我们的日常通报，老板、运营部门就无法清晰准确地把握企业运营情况，也就无法正确制订经营决策。

小白：嗯，日常通报确实重要，Mr.林，有没有办法在保证通报质量的前提下，提高工作效率呢？

Mr.林：我们只要把固定、重复的日常通报工作，进行模板化、自动化操作处理，这样既可以保证通报质量，同时也可以提高我们的通报工作效率。

小白：那么如何把固定、重复的日常通报工作进行模板化、自动化操作处理呢？

Mr.林：其实报告模板化、自动化涉及的大部分Excel数据处理技巧，我已经陆续传授给你了，我们现在就把它们串起来复习一遍，学习日报、周报、月报等日常通报的自动化设置。

小白：太好了，非常期待，我们快开始吧！

4.1　自动化神器——VBA

Mr.林：小白，问你一个问题，用Excel这么久了，对VBA有所耳闻吧？

小白：确实听过，觉得它很高深。

Mr.林：呵呵！初学者都跟你想的一样，面对那火星文似的VBA语句，头昏眼花，不知从哪儿入门。

小白：您说到我们这些编程菜鸟的心坎上了，目前我对于VBA就是这样的感觉。

Mr.林：不要怕，VBA功能很强大，但其实也不难，只要入了门，一切都将变得简单。让我们一起来掀开那层神秘的面纱，看看VBA的真实面目。

VBA（Visual Basic for Application）是一种通用的自动化语言，它可以使Excel中常用的操作步骤自动化，还可以创建自定义的解决方案。

VBA好比Excel的"遥控器"，Excel中每个菜单操作命令都对应一句VBA语句，

第4章 让报告自动化

当运行一段VBA语句时，Excel将按照相应顺序执行每句VBA语句，就像VBA在对Excel进行"遥控"一样，自动执行相应的操作。VBA的"遥控"不仅能使操作变得简便，还能使你获得一些使用Excel标准命令所无法实现的功能。

在Excel中使用VBA有以下几个优点。

★ 使固定、重复的任务程序自动化，提高工作效率。
★ 可进行复杂的数据处理和分析。
★ 可自定义Excel函数、工具栏、菜单和界面。
★ 可连接到多种数据库，并进行相应数据库操作。

小白：听您这么一介绍，感觉VBA真是个好工具。

4.1.1 从录制宏开始

Mr.林：小白，还记得我曾经教你如何录制宏吗？

小白：当然记得，只是在工作中较少用。

Mr.林：工作中用得少，说明你对它还不够了解，当你对它有足够的了解后，相信你会立马爱上它的！简单来说，宏就是一段VBA语句的集合，VBA语句以宏的方式存放在Excel中，供我们调用运行。需要注意的是，宏绝不等于VBA，它只是VBA里最简单的运用，尽管许多Excel过程都可以用录制宏来完成，但是通过宏还是无法完成许多的工作，例如自定义函数、循环判断等操作。

宏可通过编写VBA语句、录制宏两种方式获得。我们通常采用的方式就是先录制宏，然后在完成录制宏的基础上进行语句优化调整，得到我们所要的宏。

我们现在来录制一个功能为对单元格字体加粗、设置斜体的宏。

STEP 01 新建一个Excel文件，单击【开发工具】选项卡，在【代码】组中，单击【录制宏】按钮。

STEP 02 在弹出的【录制宏】对话框中（如图4-1所示），根据需要填写宏名，设置快捷键、说明等信息，本例均采用默认设置，单击【确定】按钮。

图4-1 【录制宏】对话框

STEP 03 在当前的工作表中，将选中的A1单元格字体格式设置为加粗、斜体。

STEP 04 在【开发工具】选项卡下【代码】组中，单击【停止录制】按钮。

Mr.林：此时，已完成一个简单宏的录制。

小白：嗯，可是我的Excel 2016怎么没有【开发工具】选项卡呢，在哪里能调出来？

Mr.林：设置【开发工具】的路径为：【文件】→【选项】→【自定义功能区】，在右边的【主选项卡】下勾选【开发工具】前面的复选框即可，如图4-2所示。

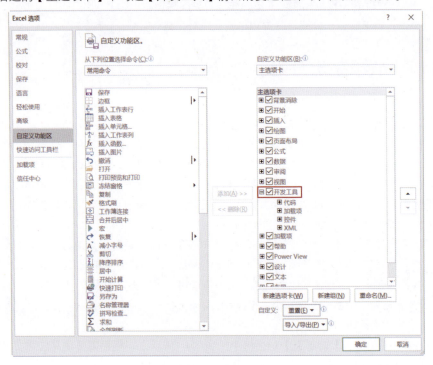

图4-2 【Excel选项】对话框

Mr.林：录制宏的目的是为了查看相应的宏代码，经过刚才录制宏的步骤，你对其功能有了基本了解，这样便于你理解相应的宏代码。

小白：嗯，还是Mr.林想得周到。

4.1.2 VBA语法那些事儿

Mr.林：现在我们就来查看宏代码，单击【开发工具】选项卡，在【代码】组中，单击【宏】按钮得到【宏】对话框，如图4-3所示，选择刚录制好的"宏1"，单击【编辑】按钮，即可得到刚才录制"宏1"的VBA语句，如图4-4所示。

第4章　让报告自动化

图4-3　【宏】对话框

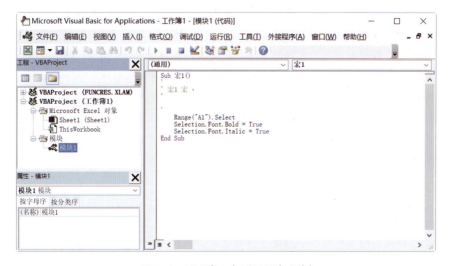

图4-4　VBE窗口与VBA语句示例

Mr.林：这段VBA语句实现两个功能：将字体设置为加粗、斜体。我们观察这段VBA语句可以发现：

- 以Sub开始，以End Sub结束，Sub过程中间夹着实现功能的VBA语句。
- 每条VBA语句代表一个功能。
- 对象和属性中间用小圆点分隔开，小圆点相当于中文语句中的"的"，表示隶属关系，即某个属性属于某个具体的对象。
- VBA语句执行时就从第一句Sub开始逐句执行，直到End Sub结束。

159

★ 单引号后面的内容表示注释，注释不仅可以让自己快速回忆，也可以使别人很快理解你的VBA语句。注释默认显示为绿色，执行宏代码时，系统会忽略这些注释行。

以上为VBA的基本语法，当然语法不止这些，比如还有变量的声明与定义、循环语句等。

小白：Mr.林，我有个问题，什么是对象？什么是属性？

Mr.林：你这个问题问得好，Excel中不光有对象、属性，还有方法、事件等概念，这几个概念把很多初学者搞得晕头转向，接下来我们就来一一认识它们。

（1）对象

对象是VBA处理操作的内容，是Excel中真实存在的东西，它包括工作簿、工作表、单元格、图表等。

（2）属性

每一个对象都有属性，一个属性就对应于对象的一种设置，例如名称、显示状态、颜色、大小、值等，引用属性时，对象和属性用小圆点来分隔，如图4-5所示。

对象好比是一个人，那么属性就好比身高、体重、性别、年龄等特征。

（3）方法

每一个对象都有方法，方法就是在对象上执行的某个动作，例如选择、移动、复制、粘贴、清除等，引用方法时，对象和方法同样用小圆点来分隔，如图4-6所示。和属性相比，属性表示的是对象的某种状态或样子，是静态的，就像语文里的名词，而方法则是对对象的一个动作，就像动词。

图4-5　VBA对象属性示例　　　　图4-6　VBA对象方法示例

（4）事件

事件是指可以发生在一个对象上且能够被该对象所识别的动作，例如，打开工作簿，激活工作表，单击按钮或窗体等这些动作都会产生一系列的事件。当某个对象发生某一事件后，就会驱动系统去运行预先编好的、与这一事件相对应的一段VBA语句。对象与事件两者之间用下画线分隔。图4-7所示的就是一个工作表对象激活事件，当事件所在的工作表被激活时，系统会自动执行VBA语句：Range("A2") = 100。

作为初学者，不必完全记住对象、属性、方法、事件的具体名称，你现在可能还不是太理解，等接触多了，自然就理解了。刚才说过，最好的学习方式就是先录制宏，然后在完成的录制宏的基础上对语句优化调整，得到我们所要的VBA语句。

小白：嗯，好的。

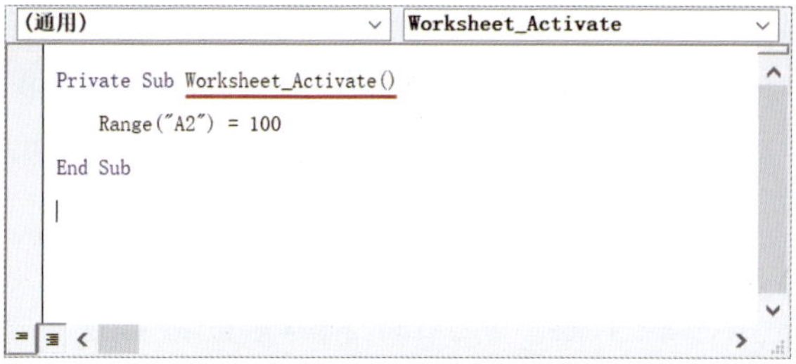

第4章　让报告自动化

```
(通用)                          Worksheet_Activate
Private Sub Worksheet_Activate()
    Range("A2") = 100
End Sub
```

图4-7　VBA对象事件示例

4.1.3　进入VBA运行环境

Mr.林：在Excel中，VBA语句主要在Visual Basic编辑器中编写、修改与运行。Visual Basic编辑器简称VBE，它是一个分离出来的应用程序，可以与Excel无缝链接。但是要使用VBE就必须先打开Excel，VBA模块与Excel工作簿文件一起存储，除非激活VBE窗口，否则VBA模块是看不见的。如图4-4所示，这就是一个VBE窗口。

小白：什么是模块呢？

Mr.林：简单来说，模块就像是存放VBA语句的地方，你看图4-4，VBA语句就是存放在"模块1"里。

小白：我要怎么进入VBE窗口呢？

Mr.林：除了通过刚才编辑宏的方式进入VBE窗口，进入VBE窗口常用的方法还有：

★ 在【开发工具】选项卡【代码】组中，单击【Visual Basic】按钮。
★ 按【Alt+F11】组合键。

小白：好的。

4.1.4　VBA调试技巧

Mr.林：小白，再告诉你一些VBA调试技巧。如果你不是资深VBA玩家，那么你编写的VBA语句常常会出现无法运行、运行错误等情况。例如差一个符号、一个空格，都有可能无法运行出正确结果，甚至无法运行，需要不断调试、修改后才能正确运行。这时我们就需要通过调试来快速定位问题。

小白兴奋地说道：太棒了，这部分要讲慢点，我好记下来。

Mr.林：呵呵！你要是跟不上的话就提出来，我可以调整。VBA调试技巧主要有以下几点。

★ 【F8】键：利用【F8】键，可分步运行VBA语句，并能快速定位出无法运行或运行结果错误的VBA语句。

★ 立即窗口：立即窗口可通过按快捷键【Ctrl+G】打开，在该窗口里可显示Debug.Print语句的结果值，以及随时计算和运行代码。例如我们需要查看参数n的值是否正确，那么直接在VBE窗口编写语句Debug.Print n，运行后即可显示n的值，如图4-8所示。

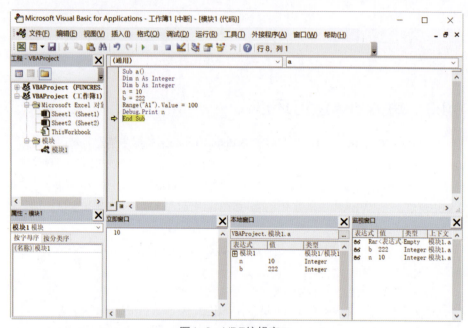

图4-8　VBE编辑窗口

★ 监视窗口：可以将变量以及表达式添加到监视窗口，可以实时查看变量和表达式的值，如图4-8所示。

★ 本地窗口：在本地窗口里可以查看目前现有变量的值，如图4-8所示。

★ 编辑窗口：将鼠标停在编辑窗口的变量上可显示该变量的值。

在以上各个窗口中可查看表达式、变量是否设置正确，通过运行代码，就可知道此时表达式、变量的结果分别是什么，是不是我们需要的结果。

小白：好的，我都记下了，调试VBA语句时会多加注意的。

Mr.林：刚才介绍了一些VBA相关知识，是为了后续进行报告自动化打基础，你要掌握这些基本概念，这样在后面的学习中就不会晕头转向了。接下来学习报告自动化的相关知识。

小白：好的，回去一定好好消化。

4.2 Excel报告自动化

4.2.1 自动化原理

Mr.林：小白，我首先介绍日报的自动化。一般日报都较为简单，主要是通报企业运营的一些关键指标的完成情况，通报的指标、内容都基本固定，所以我们可以把日报模板化、自动化。那么如何模板化、自动化呢？

小白，我要先问你一个问题，你做日报的流程是怎样的？

小白梳理下思路说道：每天早上到公司，我首先登录公司数据库提取数据，并复制到Excel中进行相应的处理及绘制图表，然后再把绘制好的图表复制到Word文档中，编辑通报正文，最后以邮件正文的形式发出，大致就是这样，大概花费我一个上午的时间。

Mr.林突然学起电视促销广告的腔调：好的，这个过程完全可以实现模板化、自动化！每天上午上班，只要一键——对，你没有听错，只要一键就可以生成你要的日报内容，是不是很心动呢？

小白仍然表示出难以置信：真的？

Mr.林：是的。我来介绍下Excel日报自动化的原理，如图4-9所示。

① 通过VBA语句，从数据库自动提取前一日相应的关键指标数据，并自动追加放置在一张名为"数据源"表中的相应位置，实现一键自动提取数据。

② 在数据转化区中，根据指定的日期条件，动态引用"数据源"表中相应的数据，并自动绘制图表、组合通报文字。

③ 在日报正文区中，引用相应的组合好的通报文字与绘制的图表。

④ 通过控件选择需要通报的日期，并自动生成相对应日期的日报正文。

图4-9　Excel日报自动化原理

Mr.林：我们仍以"用户明细"、"订购明细"表为日报数据源，介绍Excel日报自动化的实现。如图4-10所示，这是我们日报的最终展现结果，只要一键提取数据，并选择需要通报的日期，Excel就会自动引用相应数据，并生成相应的日报，连通报文字都组合好，省时又省力。

XXX公司每日业务发展情况通报

请选择日期：2011-9-3

一、用户规模

1.1、当日新增用户：354，环比前日下降3.8%，累计注册用户数5.9万；

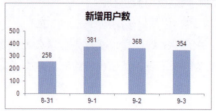

1.2、当日订购用户数：2.8万，环比前日上升27.6%，累计订购用户数4.6万；

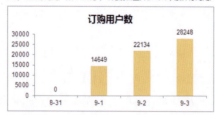

二、业务规模

2.1、当日新增订单数：8.0万，环比前日上升63.6%，累计订单数15.2万；

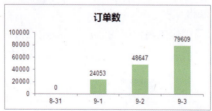

2.2、当日业务收入：9069.9万，环比前日上升66.1%，累计业务收入17202.8万。

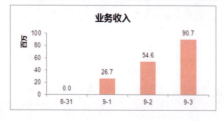

图4-10　XXX公司日报示例

第4章　让报告自动化

小白：听起来很诱人的样子，一键就能生成日报，那我就有时间逛街啦！

Mr.林：哈哈，别光想着逛街，纵览这份日报，我们可以看到这份日报分为两大部分：

★ 用户规模（新增用户数、订购用户数）。

★ 业务规模（订单数、业务收入）。

这两部分相当于报告的分析框架，不论是专题分析报告，还是月报、周报、日报，每份报告都需要有层次清晰的分析框架，以便阅读者一目了然，正确、快速地理解报告内容。

小白表示赞同：确实是这样的，这也是您之前教我的，用数据分析方法论确定分析思路、搭建分析框架。

Mr.林：我现在就来介绍如何实现Excel日报自动化，好让你有很多时间去逛街。

小白：嘻嘻，还是Mr.林最好！

4.2.2　建立数据模板

Mr.林：小白，如果你有一个良好的数据规划习惯，不仅可以令数据井井有条，而且能降低数据处理的复杂程度，节约数据处理时间，提高工作效率。

接下来我们要规划好日报所需数据，建立数据模板，实现Excel日报自动化，在"日报.xls"文件中需要准备三张表。

★ "数据源"表：用于存放每日通报所需的关键指标数据。

★ "数据转化"表：用于动态引用"数据源"表中相应的数据，并进行相应的数据转化，最后自动绘制图表，组合通报文字。

★ "日报正文"表：根据分析框架，组织引用"数据转化"表中相应的组合好的通报文字与绘制好的图表，并呈现日报。

小白：哇，模板的建立原来还有这么多门道呢。

◎ 建立"数据源"表

Mr.林：首先我们需要建立日报所需的"数据源"表，把日报需要通报的关键指标都整理进来，如图4-11所示，关键指标有"新增用户数"、"订购用户数"、"订单数"、"业务收入"、"累计订购用户数"、"累计用户数"、"累计订单数"、"累计业务收入"。

如果你的日报增加了通报内容，那么这张"数据源"表也要将增加的指标纳入进来，以保证通报数据的完整性及自动化。

Mr.林：小白，收集整理好日报所需的关键指标后，在"数据源"表模板里，就要开始设置指标间相关的数据计算关系：对"累计用户数"、"累计订单数"、"累计业务收入"进行累计计算处理。

	A	B	C	D	E	F	G	H	I	J
1	序号	日期	新增用户数	订购用户数	订单数	业务收入	累计订购用户数	累计用户数	累计订单数	累计业务收入
2	1	2011-8-29	259	0	0	0	0	57323	0	0
3	2	2011-8-30	519	0	0	0	0	57842	0	0
4	3	2011-8-31	258	0	0	0	0	58100	0	0
5	4	2011-9-1	381	14649	24053	26734340	14649	58481	24053	26734340
6	5	2011-9-2	368	22134	48647	54594840	26547	58849	72700	81329180
7	6	2011-9-3	354	28248	79609	90699020	45641	59203	152309	172028200
8	7	2011-9-4						59203	152309	172028200
9	8	2011-9-5						59203	152309	172028200
10	9	2011-9-6						59203	152309	172028200
11	10	2011-9-7						59203	152309	172028200
12	11	2011-9-8						59203	152309	172028200
13	12	2011-9-9						59203	152309	172028200
14	13	2011-9-10						59203	152309	172028200
15	14	2011-9-11						59203	152309	172028200
16	15	2011-9-12						59203	152309	172028200
17	16	2011-9-13						59203	152309	172028200
18	17	2011-9-14						59203	152309	172028200
19	18	2011-9-15						59203	152309	172028200
20	19	2011-9-16						59203	152309	172028200
21	20	2011-9-17						59203	152309	172028200

图4-11 日报数据源模板示例

以"累计订单数"为例，在I5单元格处输入公式"=I4+E5"，然后使用Excel中单元格填充柄功能，实现下方单元格的公式复制，这样当有最新"订单数"追加到"数据源"表时，对应同一行记录的"累计订单数"也相应进行更新计算。

同理，"累计用户数"、"累计业务收入"采取相应的设置。

小白：我有个问题，为什么"累计订购用户数"不需要像"累计用户数"那样设置累计计算关系？

Mr.林：小白，首先要明白累计计算用户数时都是要做去重计算的。

小白赞同地点点头：没错。

Mr.林："用户明细"表中的注册用户数据是不会存在重复的用户ID的，如果存在，就不符合业务逻辑，只要在以前注册了，那么就不会出现在后续的每天新注册用户中。

而"订购明细"表中的订购用户数据是有重复数据的，因为这个用户可以是以前订购过商品，现在继续订购，或者在将来某个时间继续订购，所以订购用户数需要在单位时间内进行去重计算，不能进行简单的累计相加计算。

所以，"累计订购用户数"就需要每天在数据库中根据去重后的订购用户数重新计算，而"累计用户数"只需要在数据模板中设置累加计算关系即可。

小白还是不解地问道：明白了。我还有一点不明白，为何要有"序号"这个字段？不是已经有了"日期"字段，直接根据"日期"匹配相应的数据不行吗？

Mr.林："序号"这个字段并不多余，稍后介绍数据引用时就会用到，到时候你自然明白了。

小白：好的。

第4章 让报告自动化

🎯 建立"数据转化"表

Mr.林：接下来，我们要建立第二张表，就是"数据转化"表，建立这张表主要有两个作用。

★ 动态引用"数据源"表中相应的数据，并自动绘制图表。
★ 动态引用"数据源"表中相应的数据，并进行相应的数据转化，以及通报文字的自动组合。

"数据转化"表如图4-12所示，主要有"图表数据区"、"柱形图"、"通报数据区"、"通报数据转化区"、"通报正文区"、"日期下拉选择控件"六大要素组成，进一步可归纳为控件、图表、文字通报三大类。

图4-12 日报数据转化模板示例

1. 控件设置

Mr.林：我们先看如何设置控件，后续的图表、文字通报的数据动态引用都需要根据控件来选择调用。

STEP 01 在"数据转化"表中，单击【开发工具】选项卡，在【控件】组中，单击【插入】按钮，在弹出的【表单控件】中选择【组合框(窗体控件)】，这时鼠标变为"十"形状。在希望放置窗体控件的位置按下鼠标左键不放，拖动鼠标画出一个矩形，这个矩形代表了该窗体控件的大小，对窗体控件大小满意后放开鼠标左键，这时就出现一个下拉窗体控件，如图4-13所示。

STEP 02 选中刚插入的下拉窗体控件，单击鼠标右键，选择【设置控件格式】。

STEP 03 在弹出的【设置控件格式】对话框中，设置【数据源区域】范围为"数据源!$B$5:$B$126"，也就是通报的日期范围，然后设置【单元格链接】范围为"数据转化!$F$2",也就是选择相应日期时,会输入对应的数值,【下拉显示项数】如无特殊需求,可采用默认的下拉显示项数,单击【确定】按钮,如图4-14所示。

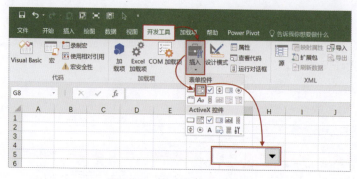

图4-13　插入下拉窗体控件

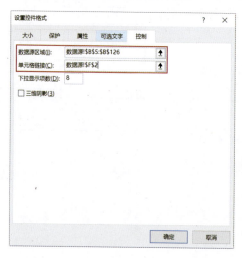

图4-14　【设置控件格式】对话框

Mr.林：这时候就设置好了下拉窗体控件,在控件中选择所需的日期,可以得到相应的数值,比如选择第一个日期"2011-9-1",则得到数值"1",选择第10个日期"2011-9-10",则得到数值"10"。

小白：原来如此,明白了。

2. 数据动态引用

Mr.林：设置好下拉窗体控件,我们就可以根据控件所输出的数值去引用相应的数据。接下来,介绍如何引用相应的数据,以便绘制图表。小白,你发现图4-12中的"图表数据区"与图4-11的"数据源"表有何相似之处没有?

小白对两张图进行仔细对比后说：我发现了,"图表数据区"的A2:E2范围的表

第4章 让报告自动化

头指标与"数据源"表的B1:F1的表头里数据指标是一样的,连顺序都是一致的。

Mr.林跟着点了点头:没错,是这样的,既然两张表有共同之处,那么我们就可以直接从"数据源"表中B至F列引用相应连续的四行数据到"图表数据区"中A3:E6区域。

Mr.林看了看小白问道:怎么引用?

小白用猜测的眼神望着Mr.林:难道是用VLOOKUP函数?

Mr.林:你说的是一种方法,不过VLOOKUP函数在这里的设置有些烦琐,需要设置多次才能完成A3:E6这20个单元格数据的引用。

小白疑惑地问道:用什么函数可以快捷地完成设置呢?

Mr.林:刚才你也发现了,这两个表是有共同之处的,连数据指标的顺序都一致,所以我们可以考虑一次性引用整个区域的数据,比如采用OFFSET函数。

小白就像哥伦布发现新大陆一样兴奋:OFFSET函数?

Mr.林:OFFSET函数以指定的引用为参照系,通过给定偏移量得到新的引用,返回的引用可以是一个单元格或单元格区域,并且可以指定返回的行数或列数。

OFFSET函数的用法如下:

OFFSET (Reference, Rows, Cols, [Height], [Width])

OFFSET函数的参数解释如下:

- ★ Reference:作为偏移量参照系的引用区域,Reference必须为对单元格或相连单元格区域的引用;否则,OFFSET返回错误值"#VALUE!"。
- ★ Rows:相对于偏移量参照系的左上角单元格,上(下)偏移的行数,行数可为正数(代表在起始引用的下方)或负数(代表在起始引用的上方)。
- ★ Cols:相对于偏移量参照系的左上角单元格,左(右)偏移的列数,列数可为正数(代表在起始引用的右边)或负数(代表在起始引用的左边)。
- ★ Height:高度,即所要返回的引用区域的行数,Height必须为正数。
- ★ Width:宽度,即所要返回的引用区域的列数,Width必须为正数。

小白顿时觉得头大:我的天呐!这么多参数要设置,好晕啊!

Mr.林安慰道:别怕,这不是还有我在嘛!下面我们就来学习如何使用OFFSET函数进行图表区域数据的引用。

STEP 01 用鼠标选中图4-12中"数据转化"表的A3:E6单元格区域。

STEP 02 单击编辑栏左边的【插入函数】按钮,在弹出的【插入函数】对话框的【查找与引用】类别中找到OFFSET函数,如图4-15所示,单击【确定】按钮。

STEP 03 在弹出的【函数参数】对话框中,分别对每个参数依次进行设置,如图4-16所示。

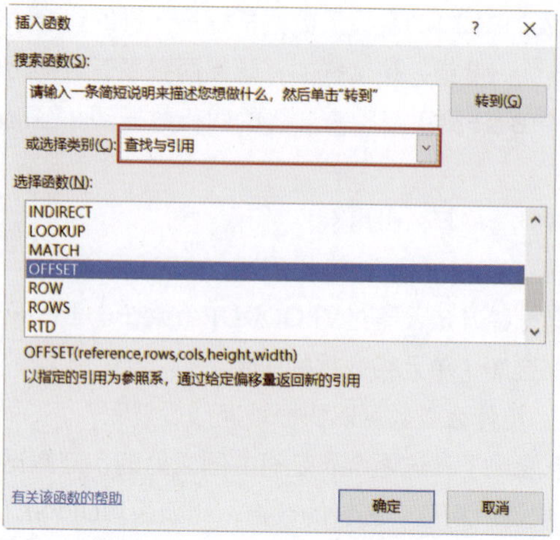

图4-15 【插入函数】对话框

图4-16 OFFSET函数参数设置对话框

Mr.林：小白，我讲解一下每个参数的意义。

★ Reference参数设置为"数据源!B1"，即以"数据源!B1"单元格为引用参照系。

★ Rows参数设置为单元格"F2"，也就是下拉窗体控件输出的数值n，即向下偏移n行。

★ Cols参数设置为"0"，即向右偏移0列，也就是不对列进行偏移，直接取"数据源!B1"单元格所在的B列。

★ Height、Width参数分别设置为"4"、"5"，即所要返回的引用区域为一个4行5列的单元格区域。

这几个参数综合起来的解释就是以"数据源!B1"单元格为引用参照系，向下偏移n行，不偏移列，引用4行5列的单元格区域数据。

第4章 让报告自动化

小白听完顿时开窍：原来如此。

Mr.林：接下来我们看最关键的最后一步，很多人无法完成就是因为这一步没有做好。

STEP 04 设置完【函数参数】对话框中各个参数后，按【Ctrl+Shift+Enter】组合键，即可得到根据控件输出数值调用的数据区域，效果如图4-12所示。

小白：太棒了，还真是比VLOOKUP函数方便，一次性完成引用整个区域的数据。

Mr.林：完成图表数据的引用后，就可以根据"图表数据区"中的数据分别绘制4张相应的柱形图，这个与我们日常绘制的图表一样，不需要做特殊处理，在这里我就不细说了。我已经将图表绘制好，如图4-12所示。

小白：好的。

2. 文字通报组合

Mr.林：图表数据动态引用以及图表绘制完成后，接下来我们就该组合通报文字了。我们要准备"通报数据区"、"通报数据转化区"、"通报正文区"三个数据区域。

- ★ "通报数据区"与"图表数据区"作用类似，就是实现根据控件所输出的数值去引用相应的数据。
- ★ "通报数据转化区"就是将"通报数据区"转化为所需要的文本格式，并在各数据之间插入相应的连接词语，以便下一步进行文字的连接组合，例如订购用户数28284，可将其转化为订购用户数2.8万。
- ★ "通报正文区"就是将"通报数据转化区"已转化好的数据及连接词语，依次连接组合起来，形成一句完整的通报正文。

（1）通报数据区

Mr.林：现在我们先完成"通报数据区"的数据引用，因为"图表数据区"已经引用了一部分数据，所以可以直接引用我们所需的数据，各个区域的数据设置如下。

- ★ 当日、昨日数据我们可分别直接引用"图表数据区"B6:E6、B5:E5的数据。
- ★ 环比数据可通过公式"当日/昨日-100%"计算得到。
- ★ 累计数据则需要采用VLOOKUP函数根据控件输出的数值，从"数据源"表匹配相应的数据，例如累计用户数的数据匹配公式为："=VLOOKUP($F$2+3,数据源!A:H,8,0)"，其他累计数据调用方式以此类推，进行设置调用。

以上具体设置可以参见日报模板，如图4-12所示，我会把它发给你。

小白：好的，Mr.林，我有个疑问，为什么VLOOKUP函数第一个参数为F2单元格的数据再加上"3"呢？

Mr.林解释道：小白，你可以看一下，当我们选择日期"2011-9-3"时，得到数值"3"，而在"数据源"表中，"2011-9-3"对应的是序号"6"，所以需要加上

"3",使得两个数据——对应,这样才能引用到正确的数据。

小白:明白了,原来是这么一回事。

(2)通报数据转化区

Mr.林:现在我们来看"通报数据转化区"的设置,关键就是数据的文本转化,各个区域的数据设置如下。

★ 根据数值大小,将当日、累计数据转化为带有相应单位的文本数据。例如订购用户数28284转化为订购用户数2.8万,我们可采用TEXT函数,在单元格J12输入"=TEXT(J4/10000,"0.0")",这样即可把数值转化为需要的本文格式。

★ 将环比数据进行文本转化,例如可在单元格N12输入"=TEXT(ABS(L4),"0.0%")",因为环比可能上升,也可能出现下降,所以要先对环比数据取绝对值,然后再进行文本转化。

★ 用If函数对环比数据进行判断,根据结果相应赋予"上升"、"下降"、"持平"的文字,例如我们可在单元格L12输入"=IF(L4>0,"上升",IF(L4<0,"下降","持平"))"。

★ 在各个转化后的文本数据之间加入连接词语,为下一步通报正文连接组合做准备,使其形成一句完整的通报正文。

以上操作效果如图4-12所示。

小白:原来数值型数据还可以这样转为文本,学习了。

(3)通报正文区

Mr.林:最后就是将"通报数据转化区"已转化好的文本数据及连接词语,依次连接组合起来,形成一句完整的通报正文,我们可采用CONCATENATE文本连接函数或者"&"文本连接符进行连接,如果需要连接的单元格较多,建议采用CONCATENATE文本连接函数,这样做简单方便快捷,不容易出错。

例如我们可在单元格I19输入"=CONCATENATE(I12,J12,K12,L12,M12,N12,O12,P12)",这样就连接组合成一句通报正文:"1.2、当日订购用户数:2.8万,环比前日上升27.6%,累计订购用户数4.6万;",其他通报正文的组合与此同理,我就不再重复介绍了。直接用鼠标拖动填充柄复制单元格公式完成设置,效果如图4-12所示。

这样就把"通报数据转化区"各个数据模块设置好了,只要通过下拉窗体控件选择相应的通报日期,Excel就会自动引用相应数据,并生成相应的数据图表,以及对应的通报正文。

小白:确实如此,比我之前的效率高多了,省时又省力。Mr.林,这么好的方法怎么不早点告诉我呢?

Mr.林:这些工作都要循序渐进,你只有先做熟通报工作才能对它有深入的了解,如果过早告诉你,你都不知道为什么要这么做,还是做不好。

小白：嗯！Mr.林说得有道理。

◎ 建立"通报正文"表

Mr.林：整理好"数据源"表与"数据转化"表后，接下来就该把每条通报正文与图表一一对应起来，按事先拟定的分析框架进行整理。

① 新建一张工作表，并命名为"日报正文"。

② 在A1单元格处输入通报标题，合并A1:H1单元格，并设置字体大小及排版居中。

③ 添加日期下拉输入控件，可直接复制"数据转化"表中已设置好的下拉控件。

④ 输入、设置通报正文，例如在B4单元格中输入"一、用户规模"，在B5单元格中输入"=数据转化!I18"，将新增用户数的柱形图复制到B5单元格所在行的下方，图表数据会随原图表数据的更新而更新。其他通报正文设置亦同此理，我就不再重复介绍了，直接完成设置。

⑤ 可隐藏通报正文范围外无须用到的单元格区域，例如要隐藏I列及其以后的列，那么用鼠标选中I列，同时按下【Ctrl+Shift+→】三个键，并单击鼠标右键，选中【隐藏】即可，同理，还可隐藏无须用到的行。

⑥ 如果希望隐藏行、列标题，可通过【文件】→【选项】→【高级】，找到【显示行和列标题】复选框，去除勾选即可。

最终通报正文效果如图4-10所示。

小白：嗯！对通报正文进行这些设置，看上去就像Word制作的通报一样，很规范。

4.2.3 数据提取自动化

Mr.林：接下来我们要做最重要的一件事，就是实现每天早上一键自动提取所需的通报数据，这就需要用到之前掌握的SQL与VBA知识啦。

小白：具体要怎样实现呢？两者如何结合起来呢？

Mr.林：首先有一个前提条件，就是数据库有固定的IT人员进行维护，把每天产生的运营相关的"用户明细"、"订购明细"日志数据文件导入Access数据库，然后我们只需每天打开Access数据库查询所需的数据。

我们可以把SQL语句中查找的日期条件，根据系统时间进行设置，假设今天日期为"2011-9-5"，我们需要查询昨天（2011-9-4）的数据，那么可把SQL语句的日期筛选条件写为："WHERE 订购日期<DATE() AND 订购日期>=DATE()-1"，可实现不用手工调整，根据系统时间自动取数的效果。

小白：Mr.林，周一的时候怎么办？周六、周日非工作日，不需要做通报，周一做

>>谁说菜鸟不会数据分析（工具篇）（第3版）

通报的时候需要提取三天的数据。

Mr.林：你这个问题很好，如果采用这种方式，就需要人工进行VBA语句的调整，有点麻烦，如果其他同事来接手，不熟悉VBA环境，就更麻烦。

所以还有另外一种思路，就是我们可设置输入日期功能，系统自行根据输入的日期，进行相关数据查询与提取，这样我们想提取哪天的数据就提取哪天的数据。

小白：嗯！随心所欲，我喜欢。

Mr.林：所以，实现从数据库取数，把数据结果追加至Excel相应表中，需要用SQL与VBA语句，主要实现以下几个功能。

★ 打开Access数据库。
★ 输入提取数据的日期。
★ 运行指定的提数SQL语句。
★ 将SQL语句运行的数据结果自动追加到Excel "数据源"表的新记录中。

相关的VBA语句编写如下：

```
Sub 每日数据提取()
 '声明定义VBA语句中需要使用到的各个变量类型
    Dim AdoConn As New ADODB.Connection    '定义变量AdoConn为连接数据库对象
    （ADODB是数据库访问组件，Connection是其中的一个对象），用于实现连接数据库
    和关闭数据库连接等操作
    Dim MyData As String    '定义变量MyData为字符串型变量，用于数据库路径赋值
    Dim N As Integer        '定义变量N为数值型变量，用于Excel表行数赋值
    Dim D1 As Date          '定义变量D1为日期型变量，用于数据起始日期赋值
    Dim D2 As Date          '定义变量D2为日期型变量，用于数据结束日期赋值

    '定义SQL语句所需要的4个字符串型变量，可根据实际需要选择需要声明的变量个数
    Dim strSQL1 As String
    Dim strSQL2 As String
    Dim strSQL3 As String
    Dim strSQL4 As String

    'InputBox函数的作用是打开输入对话框，提示输入提数日期，并赋值给D1，D2赋值
    D1+1
    D1 = InputBox("请输入需要提数的日期，例如：2011-9-4", "提数日期")
    D2 = D1 + 1

    '取第3列第1个空格单元格的行数，并赋值给N
    N = ActiveSheet.Range("C1").End(xlDown).Row + 1
```

第4章 让报告自动化

'指定数据库，可根据实际情况替换双引号内数据库文件名，注意Access数据库文件与Excel文件必须在同一个路径下，如果不是，则须更改为 MyData = "D:\数据\业务数据库.accdb"，根据实际情况替换Access数据库文件
MyData =ThisWorkbook.Path & "\业务数据库.accdb"

'建立数据库连接，打开刚才指定的数据库MyData
With AdoConn
.Provider = "Microsoft.ACE.OLEDB.12.0"
.Open MyData
End With

'设置SQL语句，根据实际情况编写和替换
strSQL1 ="SELECT count(用户ID) FROM 用户明细 WHERE 注册日期<#"& D2 & "# AND 注册日期>=#"& D1 &"#"
strSQL2 = "SELECT count(用户ID) FROM (SELECT DISTINCT 用户ID FROM 订购明细 WHERE 订购日期<#"& D2 & "# AND 订购日期>=#" & D1 & "#) "
strSQL3 = "SELECT count(订单编号) ,sum(订购金额) FROM 订购明细 WHERE 订购日期<#"& D2 & "# AND 订购日期>=#" & D1 & "#"
strSQL4 = "SELECT count(用户ID) FROM (SELECT DISTINCT 用户ID FROM 订购明细 WHERE 订购日期<#" & D2 & "#)"

'执行SQL查询，并将查询结果输出到当前表格相应位置，可根据实际情况在相应位置进行调整
ActiveSheet.Cells(N, 3).CopyFromRecordset AdoConn.Execute(strSQL1)
ActiveSheet.Cells(N, 4).CopyFromRecordset AdoConn.Execute(strSQL2)
ActiveSheet.Cells(N, 5).CopyFromRecordset AdoConn.Execute(strSQL3)
ActiveSheet.Cells(N, 7).CopyFromRecordset AdoConn.Execute(strSQL4)

'关闭数据库连接
AdoConn.Close

'释放变量
Set AdoConn = Nothing

'MsgBox函数的作用是打开输出对话框，以对话框形式提示"数据提取完毕!"
MsgBox "数据提取完毕!"

End Sub

虽然之前Mr.林已经给小白介绍了VBA基础知识，但是小白毕竟还没有真正入门，

第一次见到这么多陌生的VBA语句，顿时感到头晕：这些VBA语句都是什么意思呀？

Mr.林看到小白一脸茫然的样子，解释道：不要怕，小白！我已经将相关解释都放在每块语句之前，你可以参考。VBA语句执行的步骤，如图4-17所示。

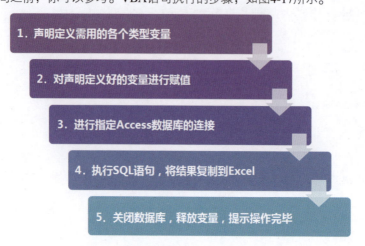

图4-17　每日数据提取VBA语句执行步骤

小白这时对VBA语句已经不再那么陌生：经您这么一说，我明白这些VBA语句的大致情况了，具体细节还要研究研究。还有个问题，我对SQL语句中赋值的语句不是太明白，好多双引号、井号（#）、连接符（&）等符号，都是什么意思呢？

Mr.林：好的，我分别做一下解释。

★ 双引号之间的语句是VBA语句中的文本字符串。

★ 井号（#）主要在SQL查询语句中表示数据类型为日期型，通常在数据值两端加上井号（#），这在讲Access数据库SQL语句查询时就介绍过。

★ 连接符（&）在VBA语句中，用于连接各个文本字符串，以组成一串所需的字符串，例如VBA语句中的strSQL1变量所赋值的SQL语句。因为需要根据输入的日期进行数据查询提取，VBA语句中涉及文本字符串与日期参数两种类型的文本。

如果将各个文本字符串与日期参数D1、D2直接连接，而没有进行类别分隔再连接，那么系统会将日期参数D1、D2识别为文本字符串D1、D2，而不是日期参数，这样就不能引用对话框输入的日期进行数据筛选查询，并且还会运行出错。

所以需要将一条完整的SQL语句拆分为各个文本字符串部分，再将各个文本字符串部分与日期参数D1、D2用连接符（&）进行连接组合，使其组合成一串所需的SQL语句，这就好比刚才介绍的"数据转化"表中的通报正文的组合一样，将各个文本字符串按需组合起来。

另外这里需要特别提醒，注意空格符号的使用，因为SQL语句要求各个关键字用

第4章 让报告自动化

空格符号分隔，所以在文本字符串与日期参数连接时注意空格符号的使用。

小白恍然大悟：喔！原来如此，我会注意的。

Mr.林：目前还不用了解每句VBA的意思及如何编写，可以直接套用现成的VBA语句，我已经把需要调整的地方用红色标识，只要根据实际情况进行调整即可，等你有时间再进行逐条语句的研究。

小白：好的。

◎ 设定宏命令按钮

Mr.林：接下来就要把这段VBA语句插入到Excel工作表的相应位置，设定为命令按钮，以便一键提取数据。

STEP 01 单击【开发工具】选项卡，在【控件】组中，单击【插入】按钮，在【表单控件】中选择【按钮（窗体控件）】，如图4-18所示。这时鼠标变为十字形状，在希望放置按钮的位置按下鼠标左键不放，拖动鼠标画出一个矩形，这个矩形代表了该按钮的大小。对按钮大小满意后放开鼠标左键，这样一个命令按钮就被添加到工作表中，同时Excel自动弹出一个【指定宏】对话框，如图4-19所示。

图4-18 插入按钮控件示例

图4-19 【指定宏】对话框

STEP 02 在弹出的【指定宏】对话框中，单击【新建】按钮，弹出VBE窗口。

STEP 03 选择VBE菜单中【工具】的【引用】选项，在弹出的【引用】对话框中，查找并勾选"Microsoft ActiveX Data Objects 2.8 Library"，并单击【确定】按钮，如图4-20所示。

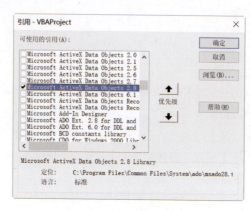

图4-20 【引用】对话框

STEP 04 将已编写好的每日自动提数VBA语句复制粘贴到VBE窗口，如图4-21所示。

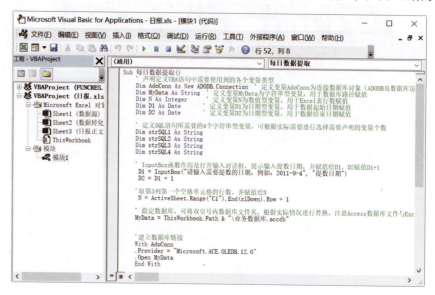

图4-21 VBE窗口1

STEP 05 关闭整个VBE窗口，将按钮命名为"每日数据提取"，并设置【指定宏】为刚编写好的"每日数据提取"宏，效果如图4-22所示。

第4章　让报告自动化

	A	B	C	D	E	F	G	H	I	J	K	L
1	序号	日期	新增用户数	订购用户数	订单数	业务收入	累计订购用户数	累计用户数	累计订单数	累计业务收入		
2	1	2011/8/29	0	0	0	0	0	57323	0	0	每日数据提取	
3	2	2011/8/30	14	0	0	0	0	57337	0	0		
4	3	2011/8/31	4	0	0	0	0	57341	0	0		
5	4	2011/9/1	115	14649	24053	26734340	14649	57456	24053	26734340		
6	5	2011/9/2	199	22134	48647	54594840	26547	57655	72700	81329180		
7	6	2011/9/3	119	28248	79609	90699020	45641	57774	152309	172028200		
8	7	2011/9/4						57774	152309	172028200		
9	8	2011/9/5						57774	152309	172028200		
10	9	2011/9/6						57774	152309	172028200		
11	10	2011/9/7						57774	152309	172028200		
12	11	2011/9/8						57774	152309	172028200		
13	12	2011/9/9						57774	152309	172028200		
14	13	2011/9/10						57774	152309	172028200		
15	14	2011/9/11						57774	152309	172028200		
16	15	2011/9/12						57774	152309	172028200		

图4-22　"每日数据提取"按钮设置效果示例

◉ 数据自动化提取

Mr.林： 至此，整个日报自动化设置工作就已完成。小白，检验成果的时刻到了，现在日报自动化模板里只有截至2011年9月3日的数据，而我现在要提取2011年9月4日的数据，你来单击"每日数据提取"按钮吧！

小白双手合并来回搓了几下： 那我就不客气啦！

STEP 01　单击"每日数据提取"按钮。

STEP 02　在弹出的【提数日期】对话框中，根据对话框提示的日期格式要求，输入"2011-9-4"，单击【确定】按钮，如图4-23所示。

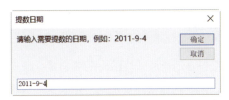

图4-23　【提数日期】对话框

STEP 03　Excel自动运行相关VBA语句，并将结果逐步追加至单元格C8:G8处，单元格H8:J8的数据也相应进行累加计算，运行完毕后弹出"数据提取完毕"提示框，单击【确定】按钮，即可完成2011年9月4日的数据提取工作，如图4-24所示。

小白惊讶地张着大嘴： 哇！Mr.林，太方便啦！您好棒啊！

Mr.林： 小白，别高兴得太早，这些VBA语句都是我一句一句调试出来的。就像之前说的，差一个符号、一个空格，都有可能无法运行出正确结果，甚至无法运行。所以就算套用我的模板，你也要进行一系列的调试工作。

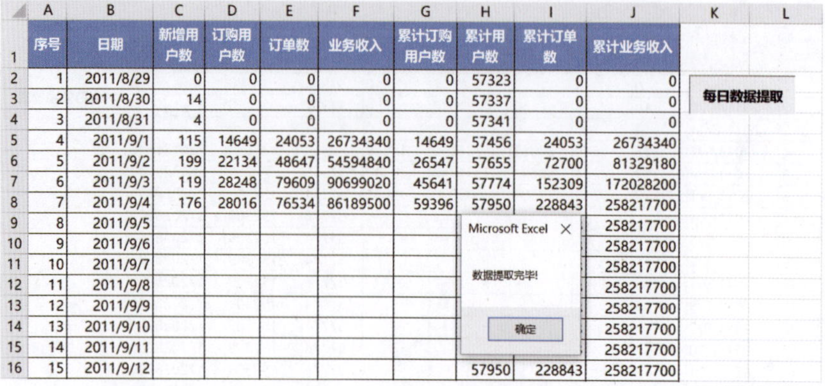

图4-24 数据提取完毕提示框

另外需要提醒你，刚才介绍的部分VBA语句及设置只适合在Excel 2007～2019版本使用，不适合Excel 2003及其以下版本使用。

小白笑嘻嘻地说：好的，我都记下了，会多加注意的。

4.3　PPT报告自动化

小白：有时候牛董会要求我用PPT做周报和月报，是不是PPT报告也能自动化呢？
Mr.林：答案是肯定的。

4.3.1　自动化原理

Mr.林：其实，PPT报告自动化原理与Excel日报自动化原理类似，只是在最后一步有所不同，就像你说的，需要把通报正文与对应图表这些内容自动搬到PPT报告每页的对应位置。

先问一个问题，就以月报为例，你做月报的流程是怎样的？

小白：每月月初，首先登录公司数据库提取数据，并复制到Excel中做数据整理工作，然后将整理好的数据复制到PPT报告的图表数据源中替换原有数据，并进行通报正文的修改编辑，最后以邮件附件的形式发出，大致就是这样，这花费我将近三天的时间。

Mr.林：好的，我来总结下：从你的月报制作过程来看，与日报的制作过程基本差不多，都是先登录数据库提取数据，然后进行整理，再进行图表数据更新与通报正文的修改编辑，只是图表数据更新与通报正文的修改编辑在PPT报告中完成。

小白： 没错，是这样的。

Mr.林： 下面就来介绍一下PPT报告自动化的原理，如图4-25所示。

图4-25　PPT报告自动化原理

① 通过VBA语句，从数据库自动提取指定月份的关键指标数据，并自动追加放置在一张名为"数据源"表的相应位置，实现一键自动提取数据。

② 在数据转化区中，根据现有月份数据自动计算出月数，根据月数动态引用"数据源"表中相应的数据，并自动进行数据整理、通报文字的组合。

③ 通过VBA语句，将图表数据去除公式，只把数据值复制到PPT报告相应的图表数据源中，以实现PPT图表数据的更新，并将通报文字进行相应替换。

Mr.林： 综上所述，月报与日报的自动化过程区别在于第三步，需要把图表数据及通报正文复制到PPT报告图表数据源的指定位置，替换原有的图表数据与通报正文，这是在日报自动化过程所没有的步骤。

小白： 是的，如何进行月报自动化设置呢？

Mr.林： 我们仍以"用户明细"表为月报数据源，介绍PPT月报自动化。

首先，需要做好一期PPT月报作为报告模板，以便为下一期的数据更新做准备。如图4-26所示，这是我们2011年7月的月报最终展现结果，现在要完成2011年8月的月报，期望通过一键提取数据，一键更新PPT报告数据，包括PPT正文的通报文字，同时自动生成相应的PPT月报，甚至连报告标题"2011年7月运营分析报告"都能自动更新。这样能大大提高月报撰写的工作效率。

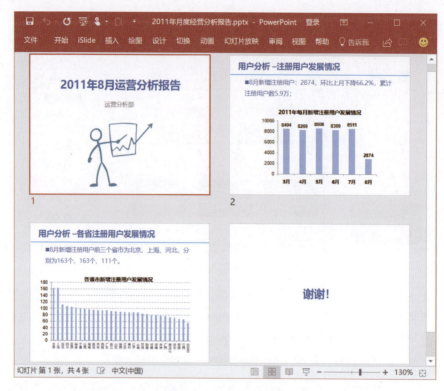

图4-26　PPT报告示例

4.3.2　建立数据模板

Mr.林：实现PPT月报自动化，同样需要准备三张表。

★ "数据源"表：用于存放每月通报所需的关键指标数据。

★ "数据转化"表：用于动态引用"数据源"表中相应的数据，并相应自动进行图表绘制、通报文字的组合。

★ "操作执行"表：用于执行数据提取、PPT报告数据更新的界面展现，主要以单击按钮的方式，实现相应的宏的触发执行，相当于一个微型系统界面，如图4-27所示。

小白：Mr.林，在"数据转化"表里为何还要绘制图表呢？

Mr.林：在"数据转化"表里绘制图表，是为了在检查数据时更清晰直观，也方便核对PPT报告数据是否正确更新。

另外，PPT报告中的图表数据更新有两种方式：一种是在PPT报告里绘制图表，然后更新里面的Excel表数据，以实现图表数据更新；另外一种方式是在Excel表里绘制好图表，将图表以链接方式复制粘贴到PPT报告中，使其随Excel表里数据更新而自动更新。

第4章 让报告自动化

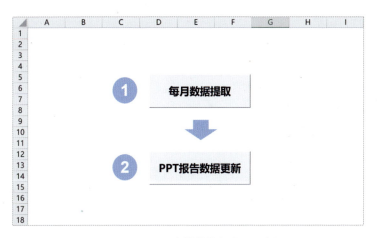

图4-27　VBA宏操作执行界面示例

这两种图表数据更新方式我都会在后面讲解,所以在"数据转化"表里绘制图表,方便你我他。

小白: 原来还有这些讲究呀!

🎯 建立"数据源"表

Mr.林: 首先我们需要建立月报所需的"数据源"表,把月报需要通报的关键指标都整理进来。如图4-28所示,关键指标有"新增注册用户数"、"累计注册用户数",主要有"月份"与"省份"两个维度。

	A	B	C	D	E	F	G	H	I	J	K	L	M
1	月份	1月	2月	3月	4月	5月	6月	7月	8月	9月	10月	11月	12月
2	新增注册用户数	5963	7759	8494	8269	8608	8309	8511					
3	累计注册用户数	55913											
4													
5	排名	省份	新增注册用户数										
6	20	安徽	255										
7	2	北京	516										
8	16	福建	256										
9	12	甘肃	262										
10	3	广东	337										
11	9	广西	266										
12	8	贵州	269										
13	25	海南	246										
14	23	河北	249										
15	13	河南	261										
16	10	黑龙江	266										
17	21	湖北	255										
18	11	湖南	265										

图4-28　月报数据源模板示例

小白,你要注意,我在这里仅以对注册用户的简要分析为例,实际工作中的月报会涵盖企业各方面运营的关键数据,内容会更多,所以在月报数据模板中要合理、有序安排好它们的存放位置,并做好注释工作,方便其他同事,让人一看就知道每个数据对应的PPT月报相应的部分。

小白：这点您放心吧！本姑娘我做事还是比较有条理的。您不知道吧，我是典型的处女座，追求完美。

Mr.林：啊哈！原来如此，难怪你工作细心。

小白：嘻嘻！多谢夸奖！

Mr.林：同样，收集整理好月报所需的关键指标后，就要在"数据源"表模板里，设置指标间相关的数据计算关系。

★ 对"累计注册用户数"进行累计计算处理，只需采用SUM函数对B2:M2单元格范围进行求和即可，可根据实际情况调整求和范围，这里不再进行具体介绍。

★ 对各省新增用户数需要进行排名计算，而且是连续排名。

小白不明白：啥？连续排名？排名就是排名，还分连续和不连续？

Mr.林：看来我需要给你普及一下排名知识。排名主要有三种，Excel默认排名、连续排名、中国式排名，它们之间的主要区别在于对相同的数据的不同排名方式，如图4-29所示。

数据	EXCEL排名	连续排名	中国式排名
42	1	1	1
41	2	2	2
40	3	3	3
39	4	4	4
39	4	5	4
38	6	6	5
38	6	7	5
36	8	8	6
34	9	9	7

图4-29　Excel三种排名主要区别示例

小白还是满腹疑问：原来如此，区别还是蛮大的，为什么选用连续排名呢？

Mr.林：你可以想象一下，连续排名的意思就是排名序号都是连续且唯一的，不存在重复的排名序号，这样方便我们在"数据转化"表进行数据降序的引用，也就是让数据从大到小排列，可方便读者快速读图。所以在"数据源"表中，要把排名放在数据的前面，方便使用VLOOKUP函数引用对应数据。

小白：原来如此，都是经过精心设计的，那么如何进行连续排名呢？在Excel中，如果只是使用RANK函数，是无法实现的。

Mr.林：是的，可使用COUNTIF函数统计数据重复出现的次数，然后再与RANK计算的排名相加，再减1，"数据源"表单元格A6公式为 "= COUNTIF($C$6:$C6,$C6)+RANK(C6,$C$6:$C$36) -1"。

小白又有疑问了：为什么要减1呢？

Mr.林：如果数据没有重复出现，只出现一次，那么COUNTIF函数统计结果为1，加上排名的话，那就多了1，所以要减1，以此类推，当数据出现两次时，第二次的排名计算就会在第一次的结果上加上1，也就达到连续排名的目的。

小白：明白了，我觉得越来越有意思了。

Mr.林：不会觉得枯燥就好，这样我们就把“数据源”表建好了。

小白：好的。

建立“数据转化”表

Mr.林：接下来，我们要建立第二张表，就是“数据转化”表，如图4-30所示。它与日报“数据转化”表基本一致，只是多了一些功能。我们来了解下月报“数据转化”表主要的几个作用。

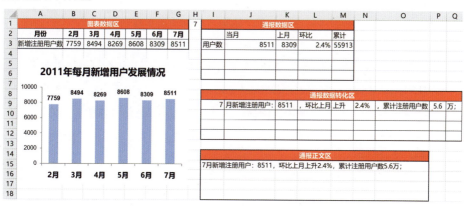

图4-30　月报数据转化模板示例

① 动态引用“数据源”表中相应的数据，并自动绘制图表。

② 动态引用“数据源”表中相应的数据，并进行通报文字的自动组合。

③ 用于图表数据公式去除过渡区，方便在PPT报告图表中粘贴数据。如图4-31所示，单元格AA2:AG2为A2:G2数据的过渡区，AA2:AG2范围里的数据已去除公式，只保留数据值。

	AA	AB	AC	AD	AE	AF	AG
1	图表数据过渡区（用于PPT报告数据更新）						
2	月份	3月	4月	5月	6月	7月	8月
3	新增注册用户数	8494	8269	8608	8309	8511	8511
4							
5							

图4-31　数据过渡区模板示例

下面我们就具体来看看月报数据模板各个部分的相关设置。

（1）数据引用参数

小白好奇地问道：Mr.林，“数据转化”表模板中怎么没有下拉窗体控件呀？在日报的数据模板里是有的。

  Mr.林笑着回答道：日报里的下拉窗体控件是为了方便查看每天的数据而设置的，在一份日报模板上即可实现查看每天的数据。

  而月报上没有必要设置得这么复杂。月报的数据没有日报那样统一、规范、排列整齐。例如一个新增注册用户数指标就需要从日期、省份两个维度进行分析，如果再加上其他关键指标、其他维度的数据，数据模板的设置就相对麻烦复杂。如果你需要查看以往每月的运营数据，直接查看以往做的月报即可。

  虽然我们不需要设置下拉窗体控件，但是还是需要一个数据引用的依据，也就是引用函数里面的引用参数。那么用什么来当这个引用参数，也就是我们根据什么来引用数据呢？小白，你觉得呢？

  小白：我想想啊！日报是根据日期对应的整数来引用数据的，有了，我们可不可以根据对现有每月的数据进行计数，也就是用月数作为引用参数呢？

  Mr.林：完全可以的，我这里就是采用月数的计数作为引用参数，图4-30中H2单元格就是对图4-28"数据源"表B2:M2单元格中的非空单元格进行计数，计算公式为"=COUNTA(数据源!B2:M2)"，当添加1个月份的新数据时，那么计数结果也就相应加1，这样就可实现引用参数的变化，图表数据区与通报数据区里的数据相应进行动态引用。

  小白：是这样的。

  （2）数据动态引用

  Mr.林：设置好引用参数，我们就可以根据引用参数的数值去引用相应的数据。

  与日报一样，同样采用OFFSET函数进行数据的引用。这回我们引用不同列，但行固定的数据。引用几个月数据可根据自己的实际需要进行调整，本例选择引用最近6个月的数据。所以图4-30 "数据转化"表B2:G2区域数据引用公式的设置如图4-32所示。

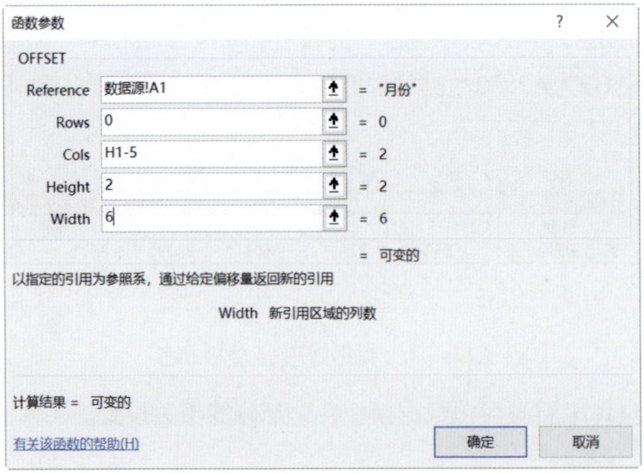

图4-32　OFFSET函数参数设置对话框

第4章 让报告自动化

Mr.林：小白，考察下你对OFFSET函数掌握的情况，这回你来解释一下每个参数的意义。

小白：那我就班门弄斧啦！

- ★ Reference参数设置为"数据源!A1"，即以"数据源!A1"单元格为引用参照系。
- ★ Rows参数设置为"0"，即向下偏移0行，也就是不对行进行偏移，直接取"数据源!A1"单元格所在的第一行。
- ★ Cols参数设置为"H1-5"，也就是引用参数输出的数值$n-5$，即向右偏移$n-5$列，当月份数等于7，也就是n等于7时，那么$n-5$等于2，即向右偏移2列。
- ★ Height、Width参数分别设置为"2"、"6"，即所要返回的引用区域为一个2行6列的单元格区域。
- ★ 这几个参数综合起来解释就是以"数据源!A1"单元格为引用参照系，不偏移行，向右偏移$n-5$列，引用2行6列的单元格区域。

设置完【函数参数】对话框中各个参数后，按【Ctrl+Shift+Enter】组合键，即可得到根据引用参数数值引用的数据区域，效果如图4-30所示。

Mr.林：没错，说得完全正确，看来你对OFFSET函数掌握得不错，能够灵活运用。

小白：嘻嘻！您功不可没，都是您教导有方。

Mr.林：好啦！别谦虚了，咱们继续看各个省份新增注册用户数的数据引用。这个比较简单，在"数据源"表中，我们已经对各省新增注册用户数进行了连续排名，并且放置在对应数据的前面，方便VLOOKUP函数引用对应的数据。

所以，我们要在引用数据区前一列先准备从1~31按顺序连续的整数，如图4-33所示，然后在单元格B27中输入"=VLOOKUP($A27,数据源!$A$6:$C$36,COLUMN(),0)"，再把单元格B27中的公式复制粘贴到B27:C57范围去，也可采用填充柄功能进行拖动复制。

小白：Mr.林，这个VLOOKUP函数的第三个参数怎么变成了COLUMN()？

图4-33　VLOOKUP函数引用数据示例

Mr.林：COLUMN()的意思是返回指定单元格引用的列号，如果括号参数省略，则返回公式所在单元格的列号。

以单元格B27为例，它本身对应第二列，所以列号是2，那么我们要取的数值也刚好是第二列。同理，单元格C27对应的是第三列，列号是3，要取的数值对应的是第三列，所以第三个参数可直接使用COLUMN()，不用再重新输入设置VLOOKUP函数，方便快捷。

小白：原来如此，确实方便快捷，以前我每列都要重新输入设置VLOOKUP函数，把白姐姐我给累死了，以后就不用愁啦！

Mr.林：哈哈！这里咱们仅以对新增用户数的月份时间、省份两个维度的分析为例操作，工作中的月报内容肯定不止这些，所以其他指标数据的引用都是以这样的思路开展引用，只要掌握其原理，灵活进行数据引用即可。

小白：好的。

（3）文字通报组合

Mr.林：图表数据动态引用设置完成后，接下来我们就该进行通报文字的组合了。月报数据模板同样要准备"通报数据区"、"通报数据转化区"、"通报正文区"三个数据区域，它们各自的作用在日报自动化的相关内容中已经介绍过，在此不再赘述。

有了日报自动化模板设置经验，这下我们就轻车熟路了。对于"通报数据区"的数据引用，可以直接引用"图表数据区"的一部分数据，所以各个区域的数据设置如下。

★ 当月、上月数据我们可分别直接引用"图表数据区"G3、F3的数据。

★ 环比数据可通过公式"当月/上月-100%"计算得到。

★ 累计数据则可直接链接"数据源"表单元格B3相应的数据。

以上具体设置可以详见月报模板，如图4-30所示，我会把它发给你。

小白：好的。

Mr.林：现在来看"通报数据转化区"的设置，关键就是数据的文本转化。各个区域的数据设置如下。

★ 根据数值大小，采用TEXT函数将当月、累计数据转化为相应带有单位的文本数据。

★ 采用TEXT函数将环比数据进行文本转化。

★ 用IF函数对环比数据进行判断，并根据结果相应赋予"上升"、"下降"、"持平"的值。

★ 在各个转化后的文本数据之间加入连接词语，使其连接组合起来后，形成一句完整的通报正文。

以上操作效果如图4-30、图4-34所示。

第4章 让报告自动化

59	通报数据引用与转化区								
60		7	月新增	上海	、	北京	、	广东	，分	519	个	、	516	个	、	337	个。
61	通报正文区								
62	7月新增注册用户前三个省市为上海、北京、广东，分别为519个、516个、337个。								

图4-34 各省新增注册用户数文本数据转化示例

Mr.林： 最后就是将"通报数据转化区"已转化好的数据及连接词语，依次连接组合起来，形成一句完整的通报正文，我们可采用CONCATENATE文本连接函数或者"&"文本连接符进行连接。

具体操作在讲解日报自动化模板时已经介绍过，在此不再赘述，直接完成设置，效果如图4-30、图4-34所示。

这样我们就建好"通报数据转化区"的各个数据模块，只要"数据源"表有新增的月份数据，那么引用参数就会自动进行月数计算，从而各个图表数据区都将相应进行最新数据的引用，并生成相应的数据图表，以及对应的通报正文。

小白： 嗯，真便捷。

4.2.3 数据提取自动化

Mr.林： 整理好"数据源"表与"数据转化"表后，接下来我们就该实现数据自动提取，以及将更新好的图表数据与组合好的每条通报正文复制粘贴到PPT报告中了。

小白： 数据提取我大概知道如何操作，不过如何将更新好的图表数据与组合好的每条通报正文复制粘贴至PPT报告中呢？

◉ 编写VBA语句

Mr.林： 我们先来看数据自动提取吧。

和日报数据提取一样，我们可设置输入日期功能，系统根据输入的起始日期，自行查询提取相关数据，这样我们想提取哪个范围的数据就提取哪个范围的数据。

月报自动提取数据相关的VBA语句如下：

```
Sub 每月数据提取()

'声明定义VBA语句中需要用到的各个变量类型
    Dim AdoConn As New ADODB.Connection    '定义变量AdoConn为连接数据库对象
（ADODB是数据库访问组件，Connection是其中的一个对象），用于实现连接数据库
和关闭数据库连接等操作
    Dim MyData As String    '定义变量MyData为字符串型变量，用于数据库路径赋值
    Dim N As Integer        '定义变量N为数值型变量，用于Excel表行数赋值
    Dim D1 As Date          '定义变量D1为日期型变量，用于数据起始日期赋值
    Dim D2 As Date          '定义变量D2为日期型变量，用于数据结束日期赋值
```

```
            Dim D3 As Date         '定义变量D3为日期型变量,用于数据结束日期+1赋值

        '定义SQL语句所需要的2个字符串型变量,可根据实际需要选择声明的变量个数
        Dim strSQL1 As String
        Dim strSQL2 As String

         ' InputBox函数的作用是打开输入对话框,提示输入提数起始日期,并赋值给D1、
        D2,D3赋值为D2+1
            D1 = InputBox("请输入需要提数的开始日期,例如:2011-8-1","提数开始日期")
            D2 = InputBox("请输入需要提数的结束日期,例如:2011-8-31","提数结束日期")
            D3 = D2 + 1

        '取第2行第1个空单元格的列数,并赋值给N
            N = Worksheets("数据源").Range("A2").End(xlToRight).Column + 1

        '指定数据库,可根据实际情况替换双引号内数据库文件名,注意Access数据库文件
        与Excel文件必须在同一个路径下,如果不是,则须更改为 MyData = "D:\数据\业务数
        据库.accdb",根据实际情况替换Access数据库文件
            MyData =ThisWorkbook.Path & "\业务数据库.accdb"

        '建立数据库连接,打开刚才指定的数据库MyData
        With AdoConn
        .Provider = "Microsoft.ACE.OLEDB.12.0"
        .Open MyData
        End With

        '设置SQL语句,根据实际情况进行编写与替换
            strSQL1 = "SELECT count(用户ID) FROM 用户明细 WHERE 注册日期<#" & D3 &
        "# AND 注册日期>=#" & D1 & "#"
            strSQL2 = "SELECT 省份, count(用户ID) FROM 用户明细 WHERE 注册日期<#" &
        D3 & "# AND 注册日期>=#" & D1 & "#" & " GROUP BY 省份"

         '执行SQL查询,并将查询结果输出到当前表格的相应位置,根据实际情况进行相应调
        整
            Worksheets("数据源").Cells(2, N).CopyFromRecordset AdoConn.Execute(strSQL1)
            Worksheets("数据源").Range("B6").CopyFromRecordset AdoConn.Execute(strSQL2)

        '关闭数据库连接
        AdoConn.Close
```

第4章 让报告自动化

```
'释放变量
Set AdoConn = Nothing

'MsgBox函数的作用是打开输出对话框,以对话框形式显示"数据提取完毕!"
MsgBox "数据提取完毕!"

End Sub
```

Mr.林看着小白:小白,这段VBA语句这回看得懂了吧!我已经把需要调整的地方用红色标识,只要根据实际情况进行调整即可。

小白有了日报提数自动化VBA经验,看到大段的代码也不发怵了:我能大概看明白,这段VBA语句执行的步骤大致与日报提数自动化的差不多,再说你还在每块VBA语句前做了注释呢!

◎ 设定宏命令按钮

Mr.林:接下来要把这段VBA语句插入到Excel新建的VBE窗口,设定为命令按钮,以便一键调用提取数据,这个过程我就不再重复介绍了。

需要提醒的是,在插入VBA语句前,需在VBE窗口【工具】菜单的【引用】中,查找并勾选"Microsoft ActiveX Data Objects 2.8 Library",如图4-20所示,以确保Access数据库能正常访问。

现在,将已编写好的每月自动提数VBA语句复制粘贴到刚才弹出的VBE窗口,如图4-35所示。

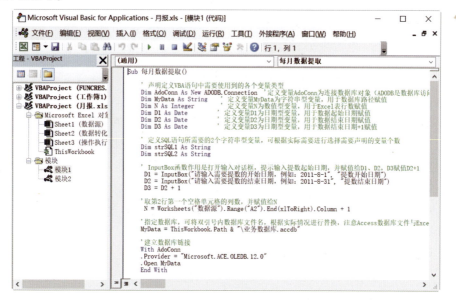

图4-35 VBE窗口2

VBA宏操作命令设置的最终效果如图4-27所示,第一个命令按钮为"每月数据提取"。

◉ 数据自动化提取

Mr.林: 月报数据自动提取设置工作已完成。小白,还是由你来检验一下成果,现在月报自动化模板里只有到2011年7月的数据,那么现在要提取2011年8月的数据,你来单击【每月数据提取】按钮吧!

小白: 那我就不客气啦!

STEP 01 单击【每月数据提取】按钮。

STEP 02 在弹出的【提数开始日期】对话框中(如图4-36所示),输入"2011-8-1",单击【确定】按钮。

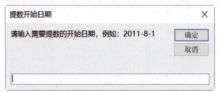

图4-36 【提数开始日期】输入对话框

STEP 03 在弹出的【提数结束日期】对话框中(如图4-37所示),输入"2011-8-31",单击【确定】按钮。

图4-37 【提数结束日期】输入对话框

STEP 04 Excel自动运行相关VBA语句,并逐步将结果追加至"数据源"表单元格I2、B6处,单元格B3的数据也相应进行累加计算,单元格A6:A36的连续排名也相应重新进行排名计算,运行完毕后弹出"数据提取完毕"提示框,单击【确定】按钮,即可完成2011年8月的数据提取工作,如图4-38所示。

Mr.林: 非常好!看来你已经轻车熟路了。

小白: Mr.林,我们赶紧看看如何将更新好的图表数据与组合好的每条通报正文复制粘贴到PPT报告中去吧!

Mr.林: 哈哈!我就知道你等不及了!

第4章 让报告自动化

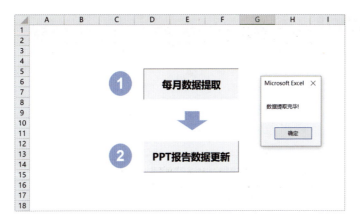

图4-38 数据提取完毕提示框

4.3.4 数据自动更新之VBA法

Mr.林：我们就来看一下最后一个环节，这也是月报区别于日报自动化的最重要一个环节，就是将更新好的图表数据与组合好的每条通报正文，采用VBA法复制粘贴到PPT报告中去。

小白：太好了，您继续！

⊙ 设置PPT报告对象

Mr.林：首先我们要对PPT报告中每个对象进行重命名设置，以方便识别它们。

小白：什么是PPT对象？PPT对象有哪些呢？

Mr.林：看来我要再次给你普及PPT对象的相关知识。PPT对象就是构成PPT文件各个要素的统称，常见的PPT对象有：文本框、形状、图片、图表、SmartArt图形、Flash、视频等。

在PowerPoint 2016中，我们可通过【开始】→【选择】→【选择窗格】进行对象的查看、选择、重命名、显示/隐藏、顺序调整等设置。如图4-39所示，在PPT界面的右方可查看当前幻灯片现有的各个对象，以及对各个对象进行选择、重命名、显示/隐藏、顺序调整等设置。

小白：明白了！

Mr.林：既然明白了，那就继续完成我们的对象重命名工作啦！将月报第二页幻灯片的对象重命名：

- ★ 将幻灯片最上方的标题文本框命名为"标题1"。
- ★ 将幻灯片中上方的通报正文文本框命名为"文本1"。
- ★ 将幻灯片中下方的图表命名为"图表1"。

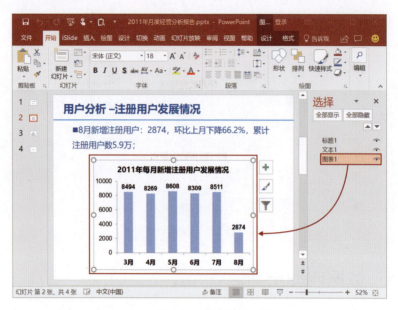

图4-39　PPT对象设置示例

其他页幻灯片的对象以此类推进行重命名操作。

小白：为什么要对幻灯片中的各个对象重命名呢？我之前做的各个PPT报告，都没有进行对象的重命名，不一样也可以用？

Mr.林：这样做的好处是快速、准确地识别每个PPT对象，方便对幻灯片相关对象的数据、内容进行更新与替换，等一下介绍到相关VBA语句时，你就会更有体会了。

小白：好的。

◎ 编写VBA语句

Mr.林：现在来看看PPT报告数据自动更新的第一个方法：VBA法。相关的VBA语句编写如下：

```
Sub PPT报告数据更新()
'声明定义VBA语句中需要用到的各个变量类型
    Dim objPPT As Object    '定义变量objPPT为对象型变量，用于新建PPT文件命令赋值
    Dim objPrs As Object    '定义变量objPrs为对象型变量，用于打开PPT文件命令赋值
    Dim objChart As Object  '定义变量objChart为对象型变量，用于PPT图形数据表对象赋值

    '禁止Excel程序的屏幕刷新，就是使Excel的窗口显示保持静止不变，不会显示打开
    工作簿、复制、粘贴等操作过程，使程序都在后台完成操作
```

```vb
Application.ScreenUpdating = False

'--------------------------打开要更新数据的PPT报告--------------------------

' 新建PPT文件对象
Set objPPT = CreateObject("Powerpoint.application")

' 在同文件夹路径下打开2011年月度经营分析报告.pptx，",,, msoFalse"表示不显示
PPT窗口，静默模式，使程序都在后台完成操作
    Set objPrs = objPPT.presentations.Open(ThisWorkbook.Path & "\2011年月度经营分析报告.pptx",,, msoFalse)

'--------------------------更新第一张幻灯片数据--------------------------

' 将标题复制粘贴到第一张幻灯片上名为"标题"的文本对象中
    objPrs.Slides(1).Shapes("标题").TextFrame.TextRange.Text = Worksheets("数据转化").Range("S3").Value

'--------------------------更新第二张幻灯片数据--------------------------

' 复制月报.xls中"数据转化"表的每月用户发展数据（单元格区域B2:G3）
Worksheets("数据转化").Range("B2:G3").Copy

' 在过渡区中将刚复制好的数据只粘贴为值，目的是去除数据中原有的数组公式
Worksheets("数据转化").Range("AB2").PasteSpecial Paste:=xlPasteValues

' 复制过渡区中的数据
Worksheets("数据转化").Range("AB2:AG3").Copy

' 获取第二张幻灯片上的名为"图表1"图形对象的图形数据表
Set objChart = objPrs.Slides(2).Shapes("图表1").Chart.ChartData

' 激活图形数据表
objChart.Activate

' 在图形数据表第一张Sheets表的B1单元格粘贴数据
objChart.Workbook.Sheets(1).Range("B1").PasteSpecial Paste:=xlPasteValues

' 关闭图形数据表
```

```
        objChart.Workbook.Close

    '将对应的通报正文复制粘贴至第二张幻灯片上名为"文本1"文本对象中
        objPrs.Slides(2).Shapes("文本1").TextFrame.TextRange.Text = Worksheets("数据转化").Range("I15").Value

    '释放图表变量
        Set objChart = Nothing


    '--------------------------------更新第三张幻灯片数据------------------------------------

    '复制月报.xls中"数据转化"表中各省市用户发展数据（单元格区域B27:C57）
        Worksheets("数据转化").Range("B27:C57").Copy

    ' 获取第三张幻灯片上的名为"图表2"图形对象的图形数据表
        Set objChart = objPrs.Slides(3).Shapes("图表2").Chart.ChartData

    ' 激活图形数据表
        objChart.Activate

    ' 在图形数据表第一张Sheets表的A2单元格只粘贴数据(去除公式)
        objChart.Workbook.Sheets(1).Range("A2").PasteSpecial Paste:=xlPasteValues

    ' 关闭图形数据表
        objChart.Workbook.Close

    '将对应的通报正文复制粘贴到第三张幻灯片上名为"文本2"的文本对象中
        objPrs.Slides(3).Shapes("文本2").TextFrame.TextRange.Text = Worksheets("数据转化").Range("A62").Value

    ' 释放图表变量
        Set objChart = Nothing


    '--------------------------------保存、释放变量、关闭----------------------------------

    ' 保存PPT报告
        objPrs.Save

    ' 关闭PPT报告
```

```
    objPrs.Close

    '退出PPT文件
    objPPT.Quit

    '就像一个开关，前面关掉了，等程序运行结束的时候再打开，打开以后就能显示下
    面的MsgBox "PPT报告数据更新完毕!"这个对话框
    Application.ScreenUpdating = True

    '释放PPT文件变量
    Set objPPT = Nothing

    '释放PPT文件变量
    Set objPrs = Nothing

    'MsgBox函数的作用是打开输出对话框，显示"PPT报告数据更新完毕!"
    MsgBox "PPT报告数据更新完毕!"

End Sub
```

Mr.林：小白，这段VBA语句相信你也能够看明白！同样，我已经把需要调整的地方用红色标识，只要根据实际情况进行调整即可。

经过前两次的VBA语句学习，小白此时信心大增：结合您对每块VBA语句的注释，我大概能看明白，这段VBA语句执行的顺序如图4-40所示。

图4-40 PPT报告数据更新VBA语句执行步骤

Mr.林满意地点了点头：没错，基本上是这样的，还记得刚才说的PPT对象重命名吗？你看，这时就把幻灯片中重命名后的文本框、图表等对象都用上了吧！

小白：是的，对文本框、图表等对象进行重命名后，确实可以快速、准确地识别每个PPT对象。

设定宏命令按钮

Mr.林：同样，接下来我们要把这段VBA语句插入到Excel新建的VBE窗口去（如图4-41所示），并设定为命令按钮，以便一键实现PPT报告数据更新。VBA宏操作命令设置的最终效果，如图4-27所示，第二个命令按钮为"PPT报告数据更新"。

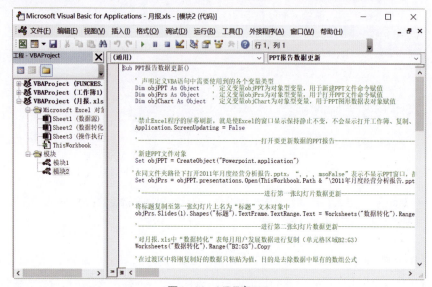

图4-41 VBE窗口3

自动更新PPT报告数据

Mr.林：PPT报告数据自动更新的设置工作已完成，小白，还是由你来检验一下成果，把刚才提取的2011年8月的数据，更新至PPT报告中。你来单击【PPT报告数据更新】按钮吧！

小白：好的。

STEP 01 单击【PPT报告数据更新】按钮。

STEP 02 运行完毕后弹出【PPT报告数据更新完毕】提示框，单击【确定】按钮，即可完成2011年8月的PPT报告数据更新工作，如图4-42所示。

更新完数据后，小白重新打开PPT报告：哇！每张图表数据都更新了，并且各个幻灯片的通报正文都相应更新了，连报告标题也自动更新了，真是太神奇了！

Mr.林：小白，你看吧，经过这样的VBA设置，是不是很高效？

小白：确实如此，就像您说的，一键提取数据，一键更新PPT报告数据及PPT正文的通报文字，甚至连报告标题都能自动更新，大大提高月报撰写的工作效率。

Mr.林，我想再问个问题，为啥要分成两个键完成呢？不是说可以一键完成提取数据与更新PPT报告吗？就像日报那样，一键完成。

第4章 让报告自动化

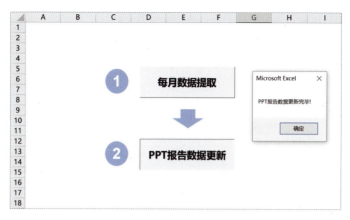

图4-42 【PPT报告数据更新完毕】提示框

Mr.林：你说的没错，确实是可以一键完成，只要把VBA语句放在一起即可，但是这样会有个问题，就是增加VBA语句的复杂度。当VBA语句运行出错时，要去找原因，面对这么多VBA语句，你不知道是提取数据的语句出了问题，还是PPT报告更新语句出了问题，要从头到尾查起。而把它们分成两个键的目的就是为了便于快速查找定位问题原因。

小白：了解。不管怎样，从现在开始，我可以抽出时间逛街咯！

Mr.林：小白，别高兴得太早！

固定、重复的工作，VBA已经帮你做了，那些业务变化的原因还是需要分析师亲自探寻并补充到PPT报告中去，以便报告阅读者读懂你的报告。

同样，部分VBA语句及设置只适合在Excel 2007～2019版本中使用，不适合Excel 2003及其以下版本使用。

小白：嘻嘻！人家这不是太激动了嘛！多谢Mr.林提醒，我会注意的！

4.3.5 数据自动更新之链接法

Mr.林：小白，刚才我们介绍了用VBA法来实现PPT报告数据自动更新，现在再来学习另外一种方法：链接法。

小白：链接法？怎么个链接法呢？

Mr.林：链接法可对PPT对象内容进行链接并更新，包括对每页幻灯片中的通报正文、图表等对象进行链接并更新。

◉ 建立文本链接

Mr.林：首先需要建立文本链接。我们以刚才的月报第二张幻灯片为例，如图4-39所示，需要将"7月新增注册用户：8511，环比上月上升2.4%，累计注册用户数5.6

万;"链接到月报第二张幻灯片中去,操作步骤如下。

STEP 01 打开月报Excel模板,进入"数据转化"表,将通报正文区的"7月新增注册用户:8511,环比上月上升2.4%,累计注册用户数5.6万;"所在单元格进行单元格合并、自动换行、字体大小、颜色等格式设置,将其格式调整为月报PPT中通报正文的格式效果,如图4-43所示。

> 通报正文区
> 7月新增注册用户:8511,环比上月上升2.4%,累计注册用户数5.6万;

图4-43 月报数据转化模板之通报正文格式调整示例

STEP 02 复制刚才设置好格式的单元格。

STEP 03 打开"2011年月度经营分析报告.pptx",进入第二张幻灯片,单击【开始】→【剪贴板】→【粘贴】,选择下方的倒三角按钮,或者直接按键盘上的【Ctrl+Alt+V】组合键,调出【选择性粘贴】对话框,如图4-44所示。

图4-44 【选择性粘贴】对话框

STEP 04 在弹出的【选择性粘贴】对话框中,选择【粘贴链接】,在对话框中部选择【Microsoft Excel 2003工作表对象】,单击【确定】按钮。

STEP 05 调整刚才粘贴的工作表对象的大小及位置,以符合整体报告风格,效果如图4-45所示。

STEP 06 报告中其他页幻灯片中的通报正文文本,都采用上述步骤进行单元格文本的链接。

STEP 07 单击【保存】按钮。

小白:原来PPT与Excel之间还可以这样进行文本单元格链接!

第4章 让报告自动化

图4-45　PPT单元格文本粘贴链接效果示例

◉ 建立图表链接

Mr.林： 下面来学习如何进行图表链接，我们在刚才的第二张月报幻灯片的基础上进行。如图4-46所示，现在需要将月报Excel模板中的图表以链接方式复制粘贴到月报第二张幻灯片中去，操作步骤如下。

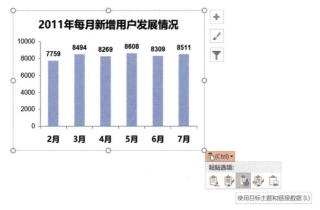

图4-46　PPT粘贴选项示例

STEP 01　打开月报Excel模板，进入"数据转化"表，复制"2011年每月新增用户发展情况"图表。

STEP 02　打开"2011年月度经营分析报告.pptx"，进入第二张幻灯片，单击【开始】→【剪贴板】→【粘贴】按钮，或者直接按【Ctrl+V】组合键进行粘贴。

STEP 03　单击刚才粘贴的图表右下方的【粘贴选项】，在弹出的5个粘贴选项中，根据实际情况选择第3个（使用目标主题和链接数据）或第4个（保留源格式和链接数据）粘贴选项，本例选择第3个粘贴选项，如图4-46所示。

STEP 04　调整图表中的标题、坐标轴标签、数据标签等格式及大小，以符合整体报告风格。

STEP 05　报告中其他页幻灯片中的图表，都采用上述步骤进行图表链接。

STEP 06　单击【保存】按钮。

小白：第3个（使用目标主题和链接数据）和第4个（保留源格式和链接数据）粘贴选项有何区别？

Mr.林：我们可以从它们的名字入手。

★ 使用目标主题和链接数据：就是图表的格式将采用当前PPT的主题格式，粘贴时，PPT会自动进行调整，以保持报告整体风格一致。

★ 保留源格式和链接数据：即保留原来的Excel图表格式，PPT不会自动进行调整，选择此项就有可能与现有PPT主题风格不一致。

所以刚才我说需要根据实际情况选择使用。

小白：明白，凡事都要具体问题具体分析，就如世上没有两片相同叶子的道理是一样的！

更新数据

Mr.林：我们刚完成PPT报告中通报正文与图表的链接工作，接下来需要进行通报正文与图表的数据更新。在PPT中，进行对象链接更新的方法有两种：一种是手动更新，另外一种是自动更新。

在PowerPoint 2016中，如图4-47所示，我们可通过【文件】→【信息】→【编辑指向文件的链接】查询链接对象类型、链接路径、链接更新方式，以及进行链接更新与断开操作，如图4-48所示。

图4-47　PPT信息功能界面示例

第4章 让报告自动化

图4-48 【链接】对话框

现在我们就来看一下两种链接更新方式。

★ 手动更新：每个链接对象需要手工操作进行链接的更新，但可通过【链接】对话框（如图4-48所示），批量选择进行更新。

★ 自动更新：对每个链接对象系统会自动进行链接更新，前提是用户同意进行链接更新。如果设置为自动更新，那么打开PPT文件时，会弹出如图4-49所示的安全声明提示框，如要进行链接更新，那么需要单击【更新链接】按钮，系统就会自动对每个链接对象进行链接更新，如单击【取消】按钮，链接将不会进行更新。

图4-49 PPT链接安全声明提示框

小白：这么说来，自动更新也不完全是自动的，而且每次打开PPT报告时就会弹出这个提示，相当烦人，如果直接把这样的报告发给牛董，牛董非把我炒了不可。

Mr.林：哈哈！没那么严重，可以在更新完链接时，把更新类型更改为手动，就不会再弹出这个提示框了。

小白：如果这样，那还是直接采用手动更新方式啦。刚才您不是说手动更新也是可以批量更新的，反正都要在【链接】对话框进行设置。

Mr.林：没错，这样设置的话，就不会弹出安全声明提示框提醒你更新链接了。不

203

过，有一个缺点：比较容易忘记更新链接。

小白：哎！【安全声明】提示框让人又爱又恨。

Mr.林：只要平时多加小心，完全可避免，最保险的方法就是把每个操作步骤写下来，将它流程化，打印出来并贴在办公桌上，操作时按流程步骤一步一步进行操作，这样就可以避免遗忘了。

小白：您这主意不错，我先把流程记下来，回去就打印出来张贴在办公桌上。您快说说链接更新的流程步骤吧！

Mr.林：好的！链接更新的流程步骤如下。

STEP 01 单击【开始】选项卡，在【信息】栏右下角单击【编辑指向文件的链接】，如图4-47所示。

STEP 02 在弹出的【链接】对话框中（如图4-48所示），用鼠标选中需要更改的链接，在【链接】对话框下方，将更新类型更改为【手动】。

STEP 03 重复STEP 02操作，依次将其他链接的更新类型更改为【手动】。

STEP 04 单击【立即更新】按钮。

STEP 05 单击【关闭】按钮，并单击【保存】按钮，将更新好链接的PPT报告另存为一份文件。

STEP 06 在另存的PPT报告文件中，依次单击【开始】→【信息】→【编辑指向文件的链接】→【链接】对话框，单击【断开链接】按钮，单击【关闭】按钮，再单击【保存】按钮。

这时另存的PPT报告文件就是最终的PPT报告文件，可直接发给牛董等领导，他们查看报告时不会出现安全声明提示框。原来的PPT报告文件作为模板，保留链接关系，下次可以继续进行数据的更新。

小白：这样的话，也比较烦人，看来还是VBA法方便，一键搞定！

Mr.林：这样比起来，确实是VBA方法方便。

VBA法与链接法都需要把月报Excel数据模板与PPT报告放置在同一个文件夹下，特别是链接法，不要轻易移动文件夹位置，否则需要重新设置链接关系。

我将VBA法与链接法的优缺点进行了互相比较，其结果如图4-50所示，可根据各自需求选择PPT数据更新方法。

Mr.林：不论是VBA法，还是链接法，都需要使用VBA进行数据库的连接与数据提取。如果没有数据库或用的是其他类型数据系统，那么可采用手工方式进行数据的提取，将提取的数据依次复制粘贴到Excel数据模板相应位置，然后再采用VBA法或链接法，这样依然可实现PPT报告自动更新。

小白：好的，具体问题具体分析。

第4章 让报告自动化

更新方法	优点	缺点
VBA法	• 快捷方便、一键更新 • 可保留PPT图表中数据,方便取用 • 事后可编辑报告正文	• VBA语句相对复杂冗长 • 编写及运行极易出错,需要不断调试
链接法	• 操作设置简单 • 上手快 • 不易出错	• 无法保留PPT图表中数据 • 链接更新操作略为烦琐 • 断开链接后,报告正文以图片形式保存,无法编辑报告正文 • 文件夹位置移动后需要重新设置链接关系

图4-50　VBA法与链接法优缺点比较

4.4　本章小结

Mr.林：小白，报告自动化的内容已经学习完毕，我们一起来回顾下今天所学到的内容。

★ 学习VBA的基础知识，主要有什么是VBA、VBA的作用、VBA的基本语法、VBA运行环境及一些VBA调试小技巧等。

★ 熟悉Excel报告自动化的基本原理、数据模板的建立、数据提取自动化等知识。

★ 掌握PPT报告自动化的基本原理、建立数据模板、数据提取自动化，以及PPT报告数据自动更新的两种方法——VBA法与链接法等知识。

以上知识同样需要结合工作实际情况进行灵活运用，在工作中多练习与实践，并且也只有通过实际的操作你才能有更深刻的体会。

小白：嗯，今天学的报告自动化知识非常实用，可以大大提高我的工作效率，这样我也有时间去逛街啦！